高等院校"十二五"规划教材·数字媒体技术
示范性软件学院系列教材

C语言程序设计

丛书主编　肖刚强
本书主编　刘月凡
副 主 编　戚海英　宋丽芳
主　审　李　瑞

辽宁科学技术出版社
沈　阳

图书在版编目（CIP）数据

C语言程序设计 / 刘月凡主编. —沈阳：辽宁科学技术出版社，2012.2

高等院校"十二五"规划教材·数字媒体技术/肖刚强主编

ISBN 978-7-5381-7235-5

Ⅰ.①C… Ⅱ.①刘… Ⅲ.①C语言—程序设计—高等学校—教材 Ⅳ.①TP312

中国版本图书馆CIP数据核字（2011）第239472号

出版发行：辽宁科学技术出版社
　　　　　（地址：沈阳市和平区十一纬路29号　邮编：110003）
印 刷 者：辽宁美术印刷厂
经 销 者：各地新华书店
幅面尺寸：185mm×260mm
印　　张：15.25
字　　数：370千字
印　　数：1~3000
出版时间：2012年2月第1版
印刷时间：2012年2月第1次印刷
责任编辑：于天文
封面设计：赵苗苗
版式设计：于 浪
责任校对：李淑敏

书　　号：ISBN 978-7-5381-7235-5
定　　价：32.00元

投稿热线：024-23284740
邮购热线：024-23284502
E-mail:lnkjc@126.com
http://www.lnkj.com.cn
本书网址：www.lnkj.cn/uri.sh/7235

序　言

　　当前，我国高等教育正面临着重大的改革。教育部提出的"以就业为导向"的指导思想，为我们研究人才培养的新模式提供了明确的目标和方向，强调以信息技术为手段，深化教学改革和人才培养模式改革，根据社会的实际需求，培养具有特色鲜明的人才，是我们面临的重大问题。我们认真领会和落实教育部指导思想后提出新的办学理念和培养目标。新的变化必然带来办学宗旨、教学内容、课程体系、教学方法等一系列的改革。为此，我们组织有多年教学经验的专业教师，多次进行探讨和论证，编写出这套"数字媒体技术"专业的系列教材。

　　本套系列教材贯彻了"理念创新，方法创新，特色创新，内容创新"四大原则，在教材的编写上进行了大胆的改革。教材主要针对软件学院数字媒体技术等相关专业的学生，包括了多媒体技术领域的多个专业方向，如图像处理、二维动画、多媒体技术、面向对象计算机语言等。教材层次分明，实践性强，采用案例教学，重点突出能力培养，使学生从中获得更接近社会需求的技能。

　　本套系列教材在原有学校使用教材的基础上，参考国内相关院校应用多年的教材内容，结合当前学校教学的实际情况，有取舍地改编和扩充了原教材的内容，使教材更符合当前学生的特点，具有更好的实用性和扩展性。

　　本套教材可作为高等院校数字媒体技术等相关专业学生的教材使用，也是广大技术人员自学不可缺少的参考书之一。

　　我们恳切的希望，大家在使用教材的过程中，及时给我们提出批评和改进意见，以利于今后我们教材的修改工作。我们相信经过大家的共同努力，这套教材一定能成为特色鲜明、学生喜爱的优秀教材。

肖刚强

前　言

　　计算机程序设计基础是一门十分重要的基础课程，是大学生学习计算机程序设计的入门课程，由于该课开设久远，在开设之初，一直沿用一种传统的理论研究式的教学模式，过于注重计算机语言的语法、语句格式的讲解，没有把计算机语言本身的目标是编程的逻辑思想放在主体地位上，对学生的编程能力训练不够，这样给后续课程的学习和研究留下了隐患。很多学生在学习这门课时感到枯燥难学，学过之后又不能用来解决实际问题。

　　我们作为从事计算机基础教学多年的教学团队，通过一线教学工作者长期的教学研究和总结经验，通过参加有关计算机基础教学研究会议，和其他高校从事计算机基础教学的同行们交流，大家都感到有必要改变我们的课程教学模式，用新的教学理念和方法培养新时代人才。我们开始研究对C语言程序设计课程的教学模式进行改革，以强调动手实践上机编程为切入点，以任务驱动方式，通过实例讲授程序设计的基本概念和基本方法，重点放在学习编程思路上，要求学生养成良好的编程习惯，在教学过程中注意培养学生的计算机语言的思维能力和编程动手能力，鼓励学生探索、研究和创新。根据多年的教学经验并结合学生的特点和需求，编写了《C语言程序设计》教材。该教材主要讲述了C语言程序设计的基础编程相关知识，同时在最后一章简单介绍了C语言综合设计。

　　本书由浅入深地介绍了C语言程序设计的基本思想、方法和步骤等，讲授的内容少而精，通过大量知识点明确的例题，让读者更好地掌握程序设计方法，强调从实践中学习，每章都附有大量的应用实例、习题以及近年来的二级C语言国家等级考试的试题解析。

　　本书共分11章，深入浅出地介绍了C语言的基础知识和程序设计思想，并力求达到在设计过程中来学习程序设计语言。本书由大连交通大学的刘月凡、戚海英、宋丽芳编写，李瑞老师主审，其中第1~6章由刘月凡编写，第7~11章由戚海英编写，第8章由大连科技学院的宋丽芳编写。

　　本书在编写过程中力求符号统一，图表准确，语言通俗，结构清晰。

　　本书既可以作为高等院校计算机专业本科、软件工程专业以及数字媒体技术专业学生学习计算机语言的入门教材，也是广大工程技术人员自学不可缺少的参考书之一。

由于作者水平有限，书中难免有疏漏之处，欢迎广大读者批评指正。

如需本书课件和习题答案，请来信索取，地址：mozi4888@126.com

作者

目 录

第1章　程序设计思想

程序设计通俗地说就是完成一件事情时对步骤的安排。而计算机程序设计则是指在计算机上完成一件事情的过程。是指要解决的一个任务，要完成的一件事情。也就是说，计算机程序设计：就是通过计算机解决问题的过程。这里面实际上有两个层面的问题，首先是解决问题的方法和步骤，其次是如何把解决问题的方法和步骤通过计算机实现。要想在计算机完成这个任务，得用计算机语言来完成，就如同和英国人说话要用英语，和日本人说话要用日语一样，和计算机说话要用计算机语言。

1.1 程序设计

程序设计（Programming）是指设计、编制、调试程序的方法和过程。上面我们已经说过，对于初学者，了解程序设计可以把解决问题的方法与步骤和在计算机上实现这个过程分开来考虑。解决问题的方法与步骤，就是我们所说的算法。我们把算法在计算机上实现，也就完成了程序设计的过程。从这个过程来看，算法是程序的核心，是程序设计要完成的任务的灵魂。

1.1.1 程序设计的基本步骤

程序是指可以被计算机连续执行的多条指令的集合，也可以说是人与计算机进行"对话"的语言集合。人们将需要计算机做的工作写成一定形式的指令，并把它们存储在计算机的内部存储器中，当人为地给出命令之后，它就被计算机按指令操作顺序自动运行。

程序设计就是程序员设计程序的过程。

广义上说，程序设计就是用计算机解决一个实际应用问题时的整个处理过程，包括提出问题、确定数据结构、确定算法、编程、调试程序及书写文档等。

具体分析如下：

（1）提出问题：提出需要解决的问题，形成一个需求任务。

（2）确定数据结构：根据需求任务提出的要求，指定的输入数据和输出结果，确定存放数据的数据结构。

（3）确定算法：针对存放数据的数据结构确定问题、实现目标的步骤。

（4）编写程序：根据指定的数据结构和算法，使用某种计算机语言编写程序代码，输入到计算机中并保存在磁盘上，简称编程。

（5）调试程序：消除由于疏忽而引起的语法错误或逻辑错误；用各种可能的输入数据对程序进行测试，使之对各种合理的数据都能得到正确的结果，对不合理的数据都能进行适当处理。

（6）书写文档：整理并写出文档资料。

在程序设计的过程中，"确定算法"是一个相当重要的步骤。广义上讲，算法是为了解决一个问题而采取的方法和步骤。例如，描述跆拳道动作的图解，就是"跆拳道的算法"；一首歌曲的乐谱也可以称为该歌曲的算法。计算机科学中的算法是指为解决某个特定问题而采取的确定且有限的步骤，它是为了解决"做什么"和"怎么做"的问题。可以说，算法是程序设计的灵魂。著名科学家沃思（Nikiklaus Wirth）提出一个公式：

$$数据结构+算法=程序$$

其中，数据结构是对数据的描述，也就是程序数据的类型和组织形式，而算法则是对操作步骤的描述，是我们使用程序设计语言来解决问题的"思路"。一个算法应该具有以下几个特点：有穷性、确定性、可行性、有零个或多个输入、有一个或多个输出。

1.1.2 程序设计的学习方法

从程序设计的基本步骤上可以看出，要想学好程序设计，首先要了解和掌握算法的概念，然后再学习一门计算机语言，这样，才初步可以在计算机上进行程序设计的工作。本章主要介绍算法的概念和思想。从第2章开始，我们要详细学习C语言（计算机语言），通过学习并使用C语言来完成计算机程序设计工作，我们学习计算机语言的目的最终是要进行程序设计，学习计算机语言的语法、规则的目的是为了更好地掌握计算机语言。

目前的计算机语言已经从低级语言发展成为高级语言了，高级语言更方便用户使用，它的源代码都是文本型的。但是，计算机本身只能接受二进制编码的程序，它不能直接运行这种文本型的代码，需要通过一个翻译把高级语言远程序代码转换成计算机能识别的二进制代码，这样计算机才能执行。而这个翻译，在这里我们把它叫做编译系统，也可以看成是计算机语言的编程界面。

在这里，我们先介绍一下算法的概念和思想，然后再介绍一下计算机语言的上机环境，也就是C语言的编译系统。目前大家比较喜欢使用的C语言编译系统有turbo C和VC++环境。Turbo C简单灵活，适合初学者掌握；VC++是windows系统下的编程环境，界面友好。

1.2 算法

算法是解决问题的方法与步骤，比人们平时理解的数学中算法的概念要广义一些。算法是程序的核心，是程序设计要完成的任务的灵魂。不论是简单还是复杂的程序，都是由算法组成。算法不仅构成了程序运行的要素，更是推动程序正确运行、实现程序设计目的的关键。

1.2.1 算法概念

当我们要买东西时，就会先有目标，然后到合适的商店挑选想要的物品，然后结账、拿发票（收据）、离开商店；当要理发时，就会先到一家理发店，与理发师商量好发型、理发、结账；当要使用计算机时，就会先打开屏幕、开机、输入密码，然后使用。不论我们做什么事情，都有一定的步骤。算法（Algorithm）简单来说就是解题的步骤，我们可以把算法定义成解决某一确定类型问题的任意一种特殊的方法。算法是程序设计的"灵魂"，它独立于任何具体的程序设计语言，一个算法可以用多种编程语言来实现。算法是一组有穷的规则，它们规定了解决某一特定类型问题的一系列运算，是对解题方案的准确与完整的描述。在程序设计中，算法要用计算机算法语言描述出来，算法代表用计算机解一类问题的精确、有效的方法。

【例1-1】输入三个互不相同的数，求其中的最小值（min）。

首先设置一个变量min，用于存放最小值。当输入a，b，c三个不相同的数后，先将a与b进行比较，把相对小的数放入min，再把c与min 进行比较，若c小于min，则将c的数值放入min替换min中的原值；若c大于min，则min值保持不变，最后min中就是三个数中的最小值。详细步骤如下：

（1）先将a与b进行比较，若a<b，则a→min，否则，b→min。

（2）再将c与min进行比较，若c<min，则c→min。

这样，min中存放的就是三个数中的最小数。

求解一个给定的可计算或可解的问题，不同的人可以编写出不同的算法来解决同一个问题。例如，计算1999＋2999＋3999＋…＋9999，也许有的人会选择一个一个加起来，当然也有人会选择（2000−1）＋（3000−1）＋…＋（10000−1）的算法。理论上，不论有几种算法，只要逻辑正确并能够得出正确的结论就可以，但是，为了节约时间、运算资源等，我们当然提倡简单易行的算法。制订一个算法，一般要经过设计、确认、分析、编码、测试、调试、计时等阶段。

对算法的研究主要应包括5个方面的内容：

（1）设计算法。算法设计工作的完全自动化是不现实的，算法的设计最终还是要我们自己来完成，应学习和了解已经被实践证明可行的一些基本的算法设计方法，这些基本的设计方法不仅适用于计算机科学，而且适用于电气工程、运筹学等任何与算法相关的其他领域。

（2）表示算法。算法的类型不同，解决的问题不同，解决问题的步骤不同，表示算法的方法也自然有很多种形式，例如自然语言、图形、算法语言等。这些表示方式各有特色，也分别有适用的环境和特点。

（3）认证算法。算法认证其实就是确认这种算法能够正确地工作，达到解决问题的目的，即确认该算法具有可行性。正确的算法用计算机算法语言描述，构成计算机程序，计算机程序在计算机上运行，得到算法运算的结果。

（4）分析算法。对算法进行分析，确认这个算法解决问题所需要的时间和存储空间，并对其进行定量分析。对一个算法的分析可以很好地预测一种算法适合的运行环境，从而判断出其适合解决的问题。

（5）验证算法。用计算机语言将算法描述出来，进行运行、测试、调试，客观地判断算法的实际应用性、合理性。

1.2.2 算法的特性

一个算法应当具有以下5方面特性：

（1）确定性。与我们日常的行为不同，算法绝对不能有含糊其辞的步骤，如"请把那天的书带来！"这种无法明确哪一天、哪一本书、带到哪里的语句是不能够出现在算法中的，否则，算法的运行将变得无所适从。算法的每一步都应当是意义明确、毫不模糊的。

（2）可行性。算法的基本目的是解决问题，所以要求算法至少是可以运行并能够得到确定的结果的，不能存在违反基本逻辑的步骤。

（3）输入。一个算法有0个或多个输入，在算法运算开始之前给出算法所需数据的初值，这些输入取自特定的对象集合。

（4）输出。作为算法运算的结果，一个算法产生一个或多个输出，输出是同输入有某种特定关系的量。

（5）有穷性。一个算法应包含有限个操作步骤，而不能是无限的。一个算法总是在执行了有穷步的运算后终止，即该算法是可达的。

满足前4个特性的一组规则不能称为算法，只能称为计算过程，操作系统是计算过程的一个例子，操作系统用来管理计算机资源，控制作业的运行，没有作业运行时，计算过程并不停止，而是处于等待状态。

1.2.3 算法的表示

由于算法的步骤繁简不同，解决的问题不同，算法的表示方法也有许多种，一般可以归纳为以下几种。

1. 自然语言表示

自然语言，简单来说就是我们通常日常生活中应用的语言。相对于计算机语言来说，自然语言更容易被接受，也更容易学习和表达，但是自然语言往往冗长繁琐，而且容易产生歧义。例如，"他看到我很高兴。"便不清楚是他高兴，还是我高兴。尤其是在描述分支、循环算法时，用自然语言十分不方便。所以，除了一些十分简单的算法外，我们一般不采用自然语言来表示算法。

2. 图形表示

用图形表示算法即用一些有特殊意义的几何图形来表示算法的各个步骤和功能。使用图形表示算法的思路是一种很好的方法，图形的表示方法比较直观、清晰，易于掌握，有利于检查程序错误，在表达上也克服了产生歧义的可能。一般我们使用得比较多的有传统流程图、N—S流程图、PAD流程图等。本书只介绍传统流程图，其他流程图请参看其他程序设计书籍。

传统的流程图一般由图1-1所示的几种基本图形组成。

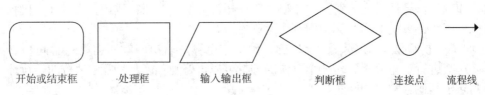

| 开始或结束框 | 处理框 | 输入输出框 | 判断框 | 连接点 | 流程线 |

图1-1　流程图的基本图形

【例1-2】输入两个整数给变量x和y，交换x和y的值后再输出x和y的值。

分析：完成本题需要3个步骤，首先输入两个整数给x和y；之后交换x和y的值；最后输出x和y。

根据以上分析，容易画出程序的流程图（图1-2），并根据流程图写出程序：

```
main()
{    int w,x,y;
     printf("请输入两个整数：");
     scanf("%d%d",&x,&y);
     w=x;
     x=y;
     y=w;
     printf("交换后：x=%dy=%d\n",x,y);
}
```

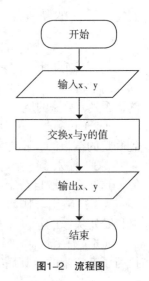

图1-2　流程图

说明：

（1）scanf函数为输入函数，可以用来输入数据；输出数据可以使用printf函数。

（2）引入第3个变量w，先把变量x的值赋给变量w，再把变量y的值赋给x，最后把变量w的值赋给y，最终达到交换变量x和y的值的目的。引入w的作用是交换变量x和y的值。交换x和y的值不能简单地用"x=y;"和"y=x;"这两个语句，如果没有把x的值保存到其他变量，就执行"x=y;"语句，把y的值赋给x，将使x和y具有相同的值，丢失x原来的值，也就无法实现两个值的交换。

假如输入3和9，运行程序时，屏幕可能显示如下信息：

请输入两个整数：3 9

交换后：x=9 y=3

【例1-3】输入a，b，c三个数，把最小的值输出，流程图如图1-3所示。

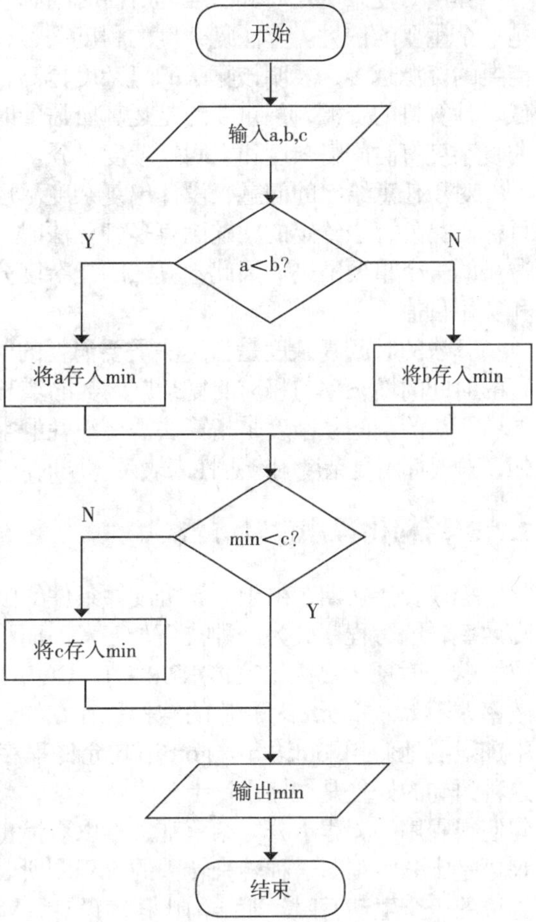

先将a与b进行比较，若a<b，则将a存入min，否则，将b存入min；再将c与min进行比较，若c<min，则将c存入min，然后输出min，否则，直接输出min。

根据以上几个例子可以看出，使用传统的流程图主要由带箭头的线、文字说明和不同形状的框构成。采用传统的流程图

图1-3　流程图

可以清晰直观地反映出整个算法的步骤和每一步的先后顺序。因此，相当长的一段时间内，传统流程图成为很流行的一种算法描述方式。

但是当算法相当复杂、篇幅很长时，使用传统的流程图就会显得既费时又费力。随着结构化程序设计思想的推行与发展，渐渐地衍生出N—S结构化流程图。

3. 伪代码

伪代码（Pseudocode）是一种算法描述语言。使用伪代码的目的是为了使被描述的算法可以较容易地以任何一种编程语言（Pascal, C, Java, etc）实现。因此，伪代码必须结构清晰，代码简单，可读性好，并且类似自然语言。

用各种算法描述方法所描述的同一算法，只要该算法的功用不便，就允许在算法的描述和实现方法上有所不同。

1.2.4 算法的复杂度

找到求解一个问题的算法后，接着就是该算法的实现，至于是否可以找到实现的方法，取决于算法的可计算性和计算的复杂度，该问题是否存在求解算法，能否提供算法所需要的时间资源和空间资源。

算法的复杂度是对算法运算所需时间和空间的一种度量。在评价算法性能时，复杂度是一个重要的依据。算法复杂度的程度与运行该算法所需要的计算机资源的多少有关，所需要的资源越多，表明该算法的复杂度越高；所需要的资源越少，表明该算法的复杂度越低。计算机的资源，最重要的是运算所需的时间和存储程序和数据所需的空间资源，算法的复杂度有时间复杂度和空间复杂度之分。

对于任意给定的问题，设计出复杂度尽可能低的算法是在设计算法时考虑的一个重要目标。另外，当给定的问题已有多种算法时，选择其中复杂度最低者，是在选用算法时应遵循的一个重要准则。因此，算法的复杂度分析对算法的设计或选用有着重要的指导意义和实用价值。

算法的时间复杂度是指算法需要消耗的时间资源。因此，问题的规模n 越大，算法执行的时间的增长率与相应的复杂度函数的增长率正相关。

算法的空间复杂度是指算法需要消耗的空间资源。其计算和表示方法与时间复杂度类似，一般都用复杂度的渐近性来表示。同时间复杂度相比，空间复杂度的分析要简单得多。

1.2.5 结构化程序设计方法

程序设计初期，由于计算机硬件条件的限制，运算速度与存储空间都迫使程序员追求高效率，编写程序成为一种技巧与艺术，而程序的可理解性、可扩充性等因素被放到第二位。这一时期的高级语言FORTRAN、COBOL、ALGOL、BASIC等，由于追求程序的高效率，不太注重所编写程序的结构。存在的一个典型问题就是程序中的控制随意跳转，即不加限制地使用goto语句。goto语句允许程序从一个地方直接跳转到另一个地方去。执行这种语句的好处是程序设计十分方便灵活，减少了人工复杂度，但其缺点是一大堆跳转语句使得程序的流程十分复杂紊乱，难以看懂也难以验证程序的正确性，如果有错，排起错来更是十分困难。这种转来转去的流程图所表达的混乱与复杂，正是软件危机中程序人员处境的一个生动写照。而结构化程序设计，就是要把这团乱麻理清。

经过研究，人们发现任何复杂的算法都可以由顺序结构、选择（分支）结构和循环结构这三种基本结构组成。因此，我们构造一个算法的时候，也仅以这三种基本结构作为"建筑单元"，遵守三种基本结构的规范，基本结构之间可以并列，可以相互包含，但不允许交叉，不允许从一个结构直接转到另一个结构的内部去。正因为整个算法都是由三种基本结构组成的，就像用模块构建的一样，所以结构清晰，易于正确性验证，易于纠错，这种方法，就是结构化方法。遵循这种方法的程序设计，就是结构化程序设计。C语言就是一种结构化语言。

1. 顺序结构

顺序结构表示程序中的各操作是按照它们出现的先后顺序执行的，其流程如图1-4所示。整个顺序结构只有一个入口点和一个出口点。这种结构的特点是：程序从入口点开始，按顺序执行所有操作，直到出口点处，所以称为顺序结构。程序的总流程都是顺序结构的。

2. 选择结构

选择结构表示程序的处理步骤出现了分支，它需要根据某一特定的条件选择其中的一个分支执行。选择结构有单选择、双选择和多选择三种形式。

双选择是典型的选择结构形式，其流程如图1-5所示，在这两个分支中只能选择一条且必须选择一条执行，但不论选择了哪一条分支执行，最后流程都一定到达结构的出口点处。

多选择结构是指程序流程中遇到多个分支，程序执行方向将根据条件确定。如果满足条件1则执行S1处理，如果满足条件n则执行Sn处理，总之要根据判断条件选择多个分支的其中之一执行。不论选择了哪一条分支，最后流程要到达同一个出口处。如果所有分支的条件都不满足，则直接到达出口。

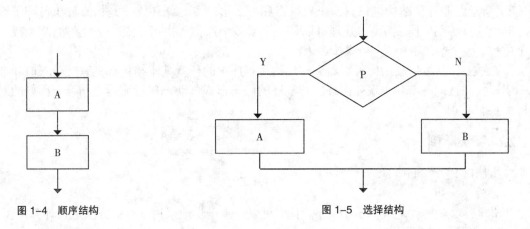

图1-4 顺序结构　　　　　　　　　　　图1-5 选择结构

3. 循环结构

循环结构表示程序反复执行某个或某些操作，直到某条件为假（或为真）时才可终止循环。在循环结构中最主要的是：什么情况下执行循环？哪些操作需要循环执行？循环结构的基本形式有两种：当型循环和直到型循环，其流程如图1-6（a）（b）所示。图中A的操作称为循环体，是指从循环入口点到循环出口点之间的处理步骤，这就是需要循环执行的部分。而什么情况下执行循环则要根据条件判断。

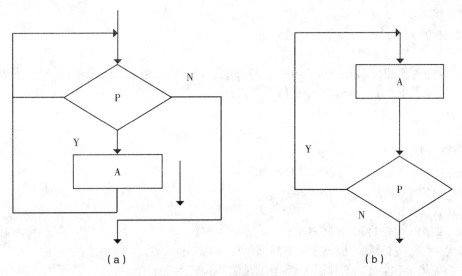

（a）　　　　　　　　　　　　　　　　（b）

图1-6 循环结构

当型循环：表示先判断条件，当满足给定的条件时执行循环体，并且在循环终端处流程自动返回到循环入口；如果条件不满足，则退出循环体直接到达流程出口处。因为是

"当条件满足时执行循环"，即先判断后执行，所以称为当型循环。其流程如图1-6（a）所示。

直到型循环：表示从结构入口处直接执行循环体，在循环终端处判断条件，如果条件不满足，返回入口处继续执行循环体，直到条件为真时再退出循环到达流程出口处，是先执行后判断。因为是"直到条件为真时为止"，所以称为直到型循环。其流程如图1-6（b）所示。循环型结构也只有一个入口点和一个出口点，循环终止是指流程执行到了循环的出口点。图中所表示的S处理可以是一个或多个操作，也可以是一个完整的结构或一个过程。整个虚线框中是一个循环结构。

通过三种基本控制结构可以看到，结构化程序中的任意基本结构都具有唯一入口和唯一出口，并且程序不会出现死循环。在程序的静态形式与动态执行流程之间具有良好的对应关系。

1.2.6 算法举例

【例1-4】计算n!。

分析：

n!即$1 \times 2 \times 3 \times 4 \times \cdots \times (n-1) \times n$。我们可以一步一步地采用基本的方法进行计算即：

S1：1*2求得结果等于2；

S2：再用S1求得的结果2乘以3，等于6；

……

Sn-1：用Sn-1求得的结果乘以n，最终求得n!（S为步骤STEP的缩写）

这样的计算方式固然也能够求出正确的答案，但是计算的过程过于烦琐。所以我们可以用设两个变量，一个表示乘数，一个表示被乘数。

算法表示如下：

设a为乘数，b为被乘数；

S1：输入n

S2：令a=1；b=2；

S3：计算a*b，并把两数的乘积放在a中；

S4：使b的值加1；如果b≤n，则返回到S3；否则结束运行，返回输出a，即为所求。

【例1-5】求2008—3200年中的哪些年是闰年。

分析：

如果一年是闰年，它要么能被4整除但不能被100整除，如2008年、2020年；要么就能被400整除，如2000年、2400年。

根据如上分析，我们可以设计算法如下：

设判断的年份为N；

S1：设N = 2008

S2：如果N能被4整除，转入S3；

如果N不能被4整除，就输出N不是闰年；转入S5；

S3：如果N不能被100整除，就输出N是闰年；转入S5；

如果N能被100整除，就转入S4；

S4：如果N不能被400整除，就输出N不是闰年，转入S5；

如果N能被400整除，就输入N是闰年，转入S5；

S5：令N=N+1；

S6：当N≤3200时，转入S2继续执行，否则停止算法。

闰年的计算方法虽然只是简单的循环和判断，但这简单的循环和判断却是组成结构化程序的基本要素。

1.3 编程准备

1.3.1 Turbo C编程开发环境

进入Turbo C 2.5集成开发环境中后，屏幕如图1-7所示。

图1-7 Turbo C 2.5集成开发环境

其中顶上一行为Turbo C 2.5主菜单，中间窗口为编辑区，接下来是信息窗口，最底下一行为参考行。这四个窗口构成了Turbo C 2.5的主屏幕，以后的编程、编译、调试以及运行都将在这个主屏幕中进行。下面详细介绍主菜单的内容。

主菜单　在Turbo C 2.5主屏幕顶上一行，显示下列内容：File、Edit、Run、Compile、Project、Options Debug、Break/watch

除Edit外，其他各项均有子菜单，只要用Alt加上某项中第一个字母（即大写字母），就可进入该项的子菜单中。

1. File（文件）菜单

按Alt+F可进入File菜单，该菜单包括以下内容：

（1）Load（加载）：装入一个文件，可用类似DOS的通配符（如*.C）来进行列表选择。也可装入其他扩展名的文件，只要给出文件名（或只给路径）即可。

（2）Pick（选择）：将最近装入编辑窗口的8个文件列成一个表让用户选择，选择后将该程序装入编辑区，并将光标置在上次修改过的地方。其热键为Alt-F3。

（3）New（新文件）：说明文件是新的，缺省文件名为NONAME.C，存盘时可改名。

（4）Save（存盘）：将编辑区中的文件存盘，若文件名是NONAME.C时，将询问是否更改文件名，其热键为F2。

（5）Write to（存盘）：可由用户给出文件名，将编辑区中的文件存盘。

（6）Directory（目录）：显示目录及目录中的文件，并可由用户选择。

（7）Change dir（改变目录）：显示当前目录，用户可以改变显示的目录。

（8）Os shell（暂时退出）：暂时退出Turbo C 2.5到DOS提示符下。若想回到Turbo C中，只要在DOS状态下键入EXIT即可。

（9）Quit（退出）：退出Turbo C。

2. Edit（编辑）菜单

按Alt+E可进入编辑菜单，若再回车，则光标出现在编辑窗口，此时用户可以进行文本编辑。编辑方法基本与其他文字处理相同，可用F1键获得有关编辑方法的帮助信息。编辑命令简介如表1-1所示。

表1-1 编辑命令简介表

PageUp	向前翻页	PageDn	向后翻页
Home	将光标移到所在行的开始	End	将光标移到所在行的结尾
Ctrl+Y	删除光标所在的一行	Ctrl+T	删除光标所在处的一个词
Ctrl+KB	设置块开始	Ctrl+KK	设置块结尾
Ctrl+Q	查找Turbo C 2.5双界符的后匹配符	Ctrl+Q	查找Turbo C 2.5双界符的前匹配符
Ctrl+KP	块文件打印	Ctrl+F1	如果光标所在处为Turbo C 2.5库函数，则获得有关该函数的帮助信息
Ctrl+KC	块拷贝	Ctrl+KY	块删除
Ctrl+KR	读文件	Ctrl+KW	存文件

3. Run（运行）菜单

按Alt+R可进入Run菜单，该菜单有以下各项。

（1）Run（运行程序）：运行由Project/Project name项指定的文件名或当前编辑区的文件。如果对上次编译后的源代码未做过修改，则直接运行到下一个断点（没有断点则运行到结束）。否则先进行编译、连接后才运行，其热键为Ctrl+F9。

（2）Program reset（程序重启）：中止当前的调试，释放分给程序的空间，其热键为Ctrl+F2。

（3）Go to cursor（运行到光标处）：调试程序时使用，选择该项可使程序运行到光标所在行。光标所在行必须为一条可执行语句，否则提示错误。其热键为F4。

（4）Trace into（跟踪进入）：在执行一条调用其他用户定义的子函数时，若用Trace into项，则执行长条将跟踪到该子函数内部去执行，其热键为F7。

（5）Step over（单步执行）：执行当前函数的下一条语句，即使用户函数调用，执行长条也不会跟踪进函数内部，其热键为F8。

（6）User screen（用户屏幕）：显示程序运行时在屏幕上显示的结果。其热键为Alt+F5。

4. Compile（编译）菜单

按Alt+C可进入Compile菜单，该菜单有以下几个内容。

（1）Compile to OBJ（编译生成目标码）：将一个C源文件编译生成.OBJ目标文件，同时显示生成的文件名。其热键为Alt+F9。

（2）Make EXE file（生成执行文件）：此命令生成一个.exe的文件，并显示生成的.exe文件名。其中.exe文件名是下面几项之一。

①由Project/Project name说明的项目文件名。

②若没有项目文件名，则由Primary C file说明的源文件。

③若以上两项都没有文件名，则为当前窗口的文件名。

（3）Link EXE file（连接生成执行文件）：把当前.OBJ文件及库文件连接在一起生成.exe文件。

（4）Build all（建立所有文件）：重新编译项目里的所有文件，并进行装配生成.exe文件。该命令不作过时检查（上面的几条命令要作过时检查，即如果目前项目里源文件的日期和时间与目标文件相同或更早，则拒绝对源文件进行编译）。

（5）Primary C file（主C文件）：当在该项中指定了主文件后，在以后的编译中，如没有项目文件名则编译此项中规定的主C文件，如果编译中有错误，则将此文件调入编辑窗口，不管目前窗口中是不是主C文件。

（6）Get info：获得有关当前路径、源文件名、源文件字节大小、编译中的错误数目、可用空间等信息。

5. Project（项目）菜单

按Alt+P可进入Project菜单，该菜单包括以下内容。

（1）Project name（项目名）：项目名具有.PRJ的扩展名，其中包括将要编译、连接的文件名。例如有一个程序由file1.c, file2.c, file3.c组成，要将这3个文件编译装配成一个file.exe的执行文件，可以先建立一个file.prj的项目文件，其内容如下：

file1.c、file2.c 、file3.c

此时，将file.prj放入Project name项中，以后进行编译时将自动对项目文件中规定的3个源文件分别进行编译。然后连接成file.exe文件。如果其中有些文件已经编译成.OBJ文件，而又没有修改过，可直接写上.OBJ扩展名。此时将不再编译而只进行连接。

例如：file1.obj 、file2.c 、file3.c

将不对file1.c进行编译，而直接连接。

当项目文件中的每个文件无扩展名时，均按源文件对待，另外，其中的文件也可以是库文件，但必须写上扩展名.LIB。

（2）Break make on（中止编译）：由用户选择是否在有Warining（警告）、Errors（错误）、Fatal Errors（致命错误）时或Link（连接）之前退出Make编译。

（3）Auto dependencies（自动依赖）：当开关置为oN，编译时将检查源文件与对应的.OBJ文件日期和时间，否则不进行检查。

（4）Clear project（清除项目文件）：清除Project/Project name中的项目文件名。

（5）Remove messages（删除信息）：把错误信息从信息窗口中清除掉。

6. Options（选择菜单）

按Alt+O可进入Options菜单，该菜单对初学者来说要谨慎使用。

（1）Compiler（编译器）：本项选择又有许多子菜单，可以让用户选择硬件配置、存储模型、调试技术、代码优化、对话信息控制和宏定义。

（2）Linker（连接器）：本菜单设置有关连接的选择项。

（3）Environment（环境）：本菜单规定是否对某些文件自动存盘及制表键和屏幕大小的设置。

（4）Directories（路径）：规定编译、连接所需文件的路径。

（5）Arguments（命令行参数）：允许用户使用命令行参数。

（6）Save options（存储配置）：保存所有选择的编译、连接、调试和项目到配置文件中，缺省的配置文件为TCCONFIG.TC。

（7）Retrieve options

装入一个配置文件到TC中，TC将使用该文件的选择项。

7. Debug（调试）菜单

按Alt+D可选择Debug菜单，该菜单主要用于查错，它包括以下内容：

Evaluate

Expression	要计算结果的表达式
Result	显示表达式的计算结果
New value	赋给新值
Call stack	该项不可接触。而在TurboC ebugger时用于检查堆栈情况
Find function	在运行Turbo C debugger时用于显示规定的函数
Refresh display	若编辑窗口被用户窗口重写了，可用此恢复编辑窗口的内容

8. Break/watch（断点及监视表达式）

按Alt+B可进入Break/watch菜单，该菜单有以下内容：

Add watch	向监视窗口插入一监视表达式
Delete watch	从监视窗口中删除当前的监视表达式
Edit watch	在监视窗口中编辑一个监视表达式
Remove all watches	从监视窗口中删除所有的监视表达式
Toggle breakpoint	对光标所在的行设置或清除断点
Clear all breakpoints	清除所有断点
View next breakpoint	将光标移动到下一个断点处

1.3.2 VC++编程开发环境

Visual C++ 6.0提供了一个支持可视化编程的集成开发环境：Visual Studio(又名Developer Studio)，如图1-8所示。Developer Studio是一个通用的应用程序集成开发环境，

图1-8　VC++编程开发环境

它不仅支持Visual C++，还支持Visual Basic，Visual J++，Visual InterDev等Microsoft系列开发工具。Developer Studio包含了一个文本编辑器、资源编辑器、工程编译工具、一个增量连接器、源代码浏览器、集成调试工具，以及一套联机文档。使用Developer Studio，可以完成创建、调试、修改应用程序等的各种操作。

1.3.3 实例运行过程

前面已经介绍了TurboC2.5和VC++6.0开发环境，为了让大家更好地掌握C程序在两种开发环境下的运行过程，下面分别针对以下这个例子给出其在两种开发环境下的运行过程。

【例1-6】求两数之和。

```
#include "stdio.h"              /*库函数*/
main()                         /*主函数，求两数和*/
{    int a,b,sum;               /*定义变量a,b,sum为整型/
     a=987;b=654               /*赋值语句*/
     sum=a+b;
     printf("the sum is %d\n",sum);    /*输出函数*/
}
```

1. 在TurboC 2.5环境下运行C程序

（1）进入TurboC 2.5集成环境。

一般来说，我们有两种方法进入TurboC2.5集成环境。

在DOS环境下进入：

首先进入DOS环境下，进入用户的TurboC2.5编译程序所在的目录就可以输入DOS命令：

c:\tc2.5\tc   （回车）

这样，就执行tc2.5文件夹中的tc.exe程序，屏幕上就会出现Turboc2.5集成环境（如图1-9所示）。

在Windows环境下进入：

如果确定用户的TurboC2.5编译程序所在的目录为（c:\tc2.5），打开tc2.5文件夹，找到执行文件tc.exe，双击即可进入TurboC2.5集成环境下（为了方便多次使用，可以将tc.exe创建快捷方式到桌面）。

（2）编辑源文件。

如果新建一个源文件，可以用鼠标单击File菜单（或者ALT+F）（如图1-9所示），在下拉的菜单内选择New，即可新建一个C源程序。(C语言源程序扩展名为.C，C++源程序扩展名为.cpp)然后选择Edit（或者ALT+E），即可进入编辑窗口，开始编辑新的C源代码。

如果对已有的源程序进行修改，则可选择File下拉菜单中的Load。这时，屏幕会出现一个Load File

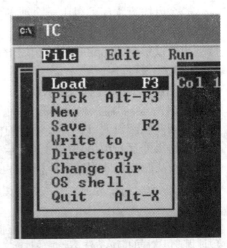

图1-9　新建源文件

Name对话框，用户可以在对话框内输入想要打开的文件的路径和名称，然后回车，就会打开C程序到编辑窗口。在编辑状态下，就可以对C程序源代码进行插入、删除或其他的修改。

完成编辑后，可以选择File下拉菜单下的Save（或者F2键），在Save File as对话框中，将C源代码保存到想要的位置，并命名。

（3）编译源文件进行。

完成对源文件的编辑后，可以单击Compile下拉菜单下的Compile（或Alt+F9）来进行编译。之后，便会出现一个对话框，返回C源文件出现的错误和警告（如图1-10）。

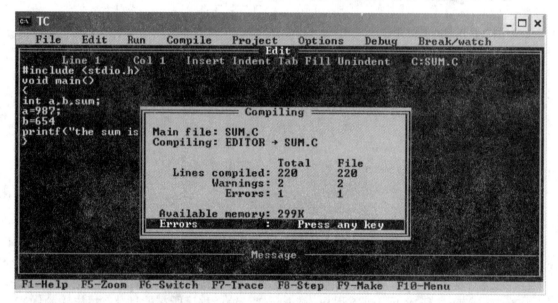

图1-10　错误与警告

按任意键对话框消失后，在Message窗口（消息窗口）中，有信息具体指出错误和错误的原因，光标停留在错误行上，提示用户修改源文件。经过不断地修改和编译，直到没有警告和错误出现，便会得到一个目标程序（后缀为 .obj）。

（4）连接目标程序。

一个可执行程序可以由一个或多个文件构成。分别对每个源文件进行编译后，即可单击Compile下拉菜单下的Link，将得到的一个或多个目标程序连接成一个整体，生成.exe文件。也可以单击Compile下拉菜单下的Make（或F9键），使编译和连接一步完成。

（5）运行程序。

我们可以通过选择菜单RUN下拉菜单下的Run（或CTRL+F9键）来运行得到可执行.exe文件。需要输入内容的程序则会弹出运行窗口，等待用户输入内容，并返回输出的结果，切换到编辑窗口；直接运行的程序会直接返回输出的结果，并切换到编辑窗口。由于输出结果的运行窗口停留时间相当短暂，可以按ALT+F5来切换到运行窗口（如图1-11所示），从而更好地观察和分析程序的运行情况。

注意：
  简便的方法，编辑完源程序后，直接选择RUN菜单的第一项，可以完成编译、连接和运行3个过程，但这样的简单方法不会生成目标文件和可执行文件，但简单方便。

图1-11 切换运行窗口

（6）退出Turbo C 2.5集成环境。

在完成C语言的各项操作后，单击FILE下拉菜单中的QUIT（或者ALT+X）来退出Turbo C 2.5集成环境。

2. VC++环境运行程序

（1）进入VC++6.0

（2）建立工程。

VC++和Tturbo C不同，它的编程面对的对象更大，它提供工程（Project）来管理这些文件，因此首先要学会建立自己的工程，比如我们想要建立一个工程pp Project，步骤如下：

① 在VC++6.0环境下，单击File菜单，选择下拉菜单中的new。

② 在New菜单弹出的对话框的左上方选Project中的Win32 Console Application（控制台程序）。

③ 在同一界面的右边Location处，用键盘输入一个自选路径或有辅导老师指定的路径。比如这里用D：\pp意思是把工程放在D盘pp目录下。

④ 在同一界面的右上角Project name处，用键盘输入要建立的工程名称，比如pp project。当键入这个工程名称后，会发现在Location处，这个名称也自动写到pp目录下了。单击OK按钮。

⑤ 接着出现WIin32 Console Application Step 1 of 界面，选择An Empty Project后单击finish按钮。

⑥ 接着又出现New Project Information 界面，单击OK按钮，工程就建好了。这时的界面名为pp project–Microsoft VC++。

⑦ 单击FileView（在屏幕左边下面出现两行文字）

Workspace 'pp project'：1

pp project files

单击第二行文字前的"+"号，会出现3个文件的目录，依次为：

Source Files 用来存放一般程序文件（含.cpp）

Header Files 存放头文件（含.h）

Resource Files 存放资源文件

⑧单击Source Files，可以看到文件是空的，因为现在还没有文件加入此工程。

（3）建立文件。

①单击 pp project–Microsoft VC++界面中的File，在其下拉菜单中单击New。

②在弹出的对话框选择C++ Source File，此时右侧的Add to project中出现pp project，说明已经将要建立的新文件加入到pp project的工程中。

③在同界面右侧的File处，需要填入给新建的文件名所起的名字，比如：ppfile.cpp，

键入后单击OK按钮，此时屏幕左上角的界面名称变为：

pp project–Microsoft Visual C++[ppfile.cpp]

说明程序名为ppfile.cpp，并提醒可以写程序了

④ 键入一个简单程序。

（4）运行程序。

①按F7键，对程序进行编译和连接，如有错，则修改程序。

②按Ctrl+F5键，或单击"！"，开始执行程序。

1.4 二级真题解析

选择题

（1）以下叙述中正确的是（　　　）。

A. C语言程序将从源程序中第一个函数开始执行

B. 可以在程序中由用户指定任意一个函数作为主函数，程序将从此开始执行

C. C语言规定必须用main作为主函数名，程序将从此开始执行，在此结束

D. main可作为用户标识符，用以命名任意一个函数作为主函数

【答案】C

【解析】main是主函数的函数名，表示这是一个主函数。每一个C源程序都必须有且只能有一个主函数。程序从main函数开始执行，最后在main函数中结束。

（2）C语言源程序名的后缀是（　　　）。

A. exe　　　　　　B. c　　　　　C. obj　　　　　D. cp

【答案】B

【解析】C语言中，源程序文件的后缀为".c"，经过编译生成后缀为".obj"的目标文件，再经过与C语言提供的各种库函数连接，生成后缀为".exe"的可执行文件。

（3）以下叙述中正确的是（　　　）。

A. C程序中的注释只能出现在程序的开始位置和语句的后面

B. C程序书写格式严格，要求一行内只能写一个语句

C. C程序书写自由，一个语句可以写在多行上

D. 用C语言编写的程序只能放在一个程序文件中

【答案】C

【解析】在C语言中，注释可以加在程序中的任何位置，选项A错。C程序可以分模块写在不同的文件中，编译时再将其组合在一起，选项D错。C程序的书写风格自由，不但一行可以写多个语句，还可以将一个语句写在多行中。

（4）以下叙述中错误的是（　　　）。

A. C语言的可执行程序是由一系列机器指令构成的

B. 用C语言编写的源程序不能直接在计算机上运行

C. 通过编译得到的二进制目标程序需要连接才可以运行

D. 在没有安装C语言集成开发环境的机器上不能运行C源程序生成的.exe 文件

【答案】D

【解析】C语言程序生成的.exe文件是二进制的可执行文件，它不需要C语言集成开发环境的支持即可以直接运行。

1.5 习题

选择题

（1）以下关于简单程序设计的步骤和顺序的说法，正确的是（　　）。

  A. 确定算法后，整理并写出文档，最后进行编码和上机调试

  B. 首先确定数据结构，然后确定算法，再编码，并上机调试，最后整理文档

  C. 先编码和上机调试，在编码过程中确定算法和数据结构，最后整理文档

  D. 先写好文档，再根据文档进行编码和上机调试，最后确定算法和数据结构

（2）以下叙述中错误的是（　　）。

  A. C程序在运行过程中，所有计算都以二进制方式进行

  B. C程序在运行过程中，所有计算都以十进制方式进行

  C. 所有C程序都需要编译链接无误后才能运行

  D. C程序中整形变量只能存放整数，实型变量只能存放浮点数

（3）以下叙述中正确的是（　　）。

  A. 程序设计的任务就是编写程序代码并上机调试

  B. 程序设计的任务就是确定所用数据结构

  C. 程序设计的任务就是确定所用算法

  D. 以上三种说法都不完整

（4）以下叙述中正确的是（　　）。

  A. C程序的基本组成单位是语句

  B. C程序的每一行只能写一条语句

  C. 简单C语句必须以分号结束

  D. C语句必须在一行内写完

（5）计算机能直接执行的程序是（　　）。

A. 源程序　　　　B. 目标程序　　　C. 汇编程序　　　　D. 可执行程序

（6）以下叙述中正确的是（　　）。

A. C程序中的注释只能出现在程序的开始位置和语句的后面

B. C程序书写格式严格，要求一行内只能写一个语句

C. C程序书写格式自由，一个语句可以在多行上

D. 用C语言编写的程序只能放在一个程序文件中

（7）以下叙述中正确的是（　　）。

A. 用C程序实现的算法必须要有输入和输出操作

B. 用C程序实现的算法可以没有输出但必须要有输入

C. 用C程序实现的算法可以没有输入但必须要有输出

D. 用C程序实现的算法可以没有输入也没有输出

（8）以下叙述中不正确的是（　　）。

A. 一个C源程序可以由一个或多个函数组成

B. 一个C源程序必须包含一个main函数

C. C程序的基本组成单位是函数

D. 在C程序中，注释说明只能位于一条语句的后面

第2章　数据类型、运算符与表达式

前一章中我们学习过算法，而算法处理的对象是数据。本章我们将学习程序中对这些数据的处理，并开始接触些简单的程序。

2.1 程序的基本结构

运用C语言进行程序设计的过程就称为C程序设计，我们用C语言编写的程序，就被称为C语言源程序，简称C程序。

2.1.1 C语言程序的构成

C语言程序的基本单位是函数，一个C语言程序由一个或多个函数构成，其中，至少包含一个main函数，且只能有一个main函数。

C语言程序主要有两种文件形式：头文件和源文件。头文件以".h"为文件扩展名，通常被"include"包含在源程序文件的开头，所以又称"包含文件"；源文件以".c"为文件扩展名。下面介绍一个简单的C语言程序。

【例2-1】一个简单的C语言程序。

```
#include "stdio.h"                    /*include 文件包含命令*/
main( )
{    printf（"Hello,world!\n"）;               /*输出Hello,world!*/
}
```

程序分析：

（1）程序共分为两部分，即main()之前的预处理命令和main函数部分，这里的include称为文件包含命令，被包含的文件通常由系统提供。

（2）main是主函数的函数名，表示这是一个主函数。每个C源程序都是从main函数开始执行。注意main这个单词必须是小写，并且后面一对圆括号不能省略。

（3）函数体由大括号"{ }"括起来。上例中的函数体只有一个prinf输出语句。Printf是C语言中的输出函数，其功能是把输出结果显示到屏幕上。语句中的双引号用来表示需要输出的内容，双引号内的字符串将按原样输出；"\n"是换行符，即在输出"Hello,world!"后回车换行。

（4）语句后的"；"表示该语句结束，不能省略。

（5）/*……*/表示注释部分。注释对编译和运行不起作用，可以在程序中的任意位置。

通过对本程序的分析，可以得出一个程序的基本组成形式，如表2-1所示。

2.1.2 C语言程序书写的注意事项

前面已讲到C语言程序的书写格式比较自由，但有以下几点需要注意：

（1）标识符严格区分大小写。例如，a和A表示两个不同的变量。

表2-1　C语言程序包括的几个部分

#include "stdio.h"	第一部分：预处理部分	预处理
main( )		函数名
{	第二部分：函数部分	函数开始
printf（"Hello,world!"）;		函数执行
}		函数结束

（2）C程序语句用分号"；"结束，分号是C语句的重要组成部分，不能缺少。但是在预处理命令、函数头、大括号"{ }"之后不能有分号。

（3）一行可以写多个语句，一个语句也可以分写在多行。

（4）可以在程序的任意位置用"/*……*/"或"//"对程序或语句进行注释，"/*……*/"为多行注释语句，注释以"/*"开始，直到遇到"*/"结束，中间的内容均为注释部分，程序在运行时不会运行注释部分。在标注时，"/"与"*"之间不能有空格，而且注释不能嵌套使用（如"/*/*……*/*/"为错误的注释）。"//"为单行注释，从//开始，直到本行的末尾结束。

> **注意：**
> 程序中涉及的"，"、"；"、"{ }"与标识符、字符，必须在英文半角状态下输入。

2.2　数据类型

所谓数据类型是按被说明量的性质、表示形式、占据存储空间的多少、构造特点来划分的。在C语言中，数据类型分类如下：

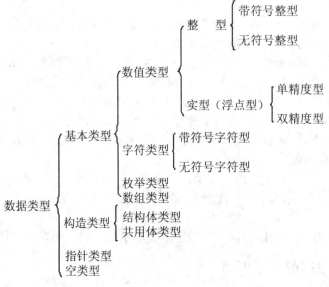

C语言中的基本数据类型最主要的特点是其值不可以再分解为其他类型，而构造类型是根据已定义的一个或多个数据类型用构造的方法来定义的。本章主要介绍基本数据类

型，其他的数据类型在其他章节介绍。

2.3 标识符、常量和变量

2.3.1 标识符

标识符就是一个字符序列，在程序中用来标识常量名、变量名、数组名、函数名、类型名、文件名和语句标号名等。不同的计算机编程语言，标识符的命名规则有所不一样。

C语言中标识符的命名规则如下：

（1）标识符只能由字母（A~Z，a~z）、数字（0~9）和下画线（_）组成，且不能以数字开头。

（2）Turbo C中标识符长度不能超过31个字符（有的系统不能超过8个字符）。

（3）标识符区分大小写。即同一字母的大小写被认为是两个不同的字符。

（4）标识符不能和C语言的关键字相同。

如：a_b、_ab、a123是合法的标识符，而1ab、#ab、a%b、int是不合法的标识符。

由ANSI标准定义的关键字共32个：

auto	double	int	struct	break	else	long	switch
case	enum	register	typedef	char	extern	return	union
const	float	shor	unsigned	for	signed	void	continue
default	goto	sizeof	volatile	do	if	while	static

随着进一步的学习，这些关键字会逐步接触，不需要刻意去记。知道了如何给标识符命名后，下面介绍程序中的常量和变量。

2.3.2 常量和变量

1. 常量

圆周率3.14159、0、−4、6556 等数据代表固定的常数，像这样在程序执行过程中，其值不发生改变的量称为常量。

常量类型的有：整型常量、实型常量、字符常量和字符串常量四种。

如：12、−10为整型常量，3.14、−8.9为实型常量，'a'为字符常量，"USA"为字符串常量。

2. 符号常量

用标识符代表一个常量，称为符号常量。定义的格式为：

#define　标识符　符号常量

由用户命名的标识符是符号常量名。作为符号常量名，一般大写。一旦定义，在程序中凡是出现常量的地方均可用符号常量名来代替。

【例2-2】符号常量的应用。

```
#include "stdio.h"
#define PI 3.14159
main( )
{    int income=10;
```

```
        printf("%f", PI * income);
    }
```

说明：本例中定义符号常量PI，代表常量3.14159。以后程序中出现PI都代表这个固定值，所以计算时，PI * income =3.14159*10。

注意：
（1）符号常量与变量不同，它的值在其作用域内不能改变，也不能再被赋值。
（2）通常在程序的开头先定义所有的符号常量，程序中凡是使用这些常量的地方都可以写成对应的标识符。如果程序中多个地方使用了同一个常量，当我们需要修改这个常量时，只需要在开头文件定义部分把这个符号常量值改下就可以了。
（3）在程序中，常量是不需要事先定义的，只要在程序中需要的地方直接写出该常量即可，常量的类型也不需要首先说明。

3. 变量

在程序执行过程中，其值可以被改变，即可以进行赋值运算的量称为变量。

变量定义的一般形式为：

类型标识符　变量名

变量名符合标识符的命名规则。

如：int　a=75;

可以同时定义多个变量，如：int a,b,c;

若有足够的连续内存，则同时定义的多个变量分配的内存也连续，否则不连续。

说明：

（1）变量必须"先定义后使用"。如果没有定义或说明而使用变量，编译时系统会给出错误信息。

（2）变量是用来保存程序的输入数据，计算获得的结果和最终结果，它用来存放变量的值。在程序运行过程中，这些值是可以改变的。一个变量应该有一个名字，以便被引用，变量名遵守标识符准则，在程序运行过程中不会改变。

（3）区分变量和类型。变量是属于某一种数据类型的变量，在编译时，编译程序会根据变量的类型为变量分配内存单元，不同类型的变量在内存中分配的字节数不同。变量名与其类型无关。

（4）区分变量名和变量值。变量被定义后，变量名是固定的，但变量的值可以随时被改变。变量值存放在为变量分配的内存单元中。在程序运行的每个时刻被使用的变量都有其当前值。即使变量从没被赋值，也有一个不确定的值（静态变量除外），其值是变量分配到的内存单元的原有值。

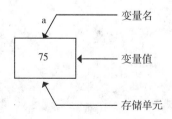

【例2-3】变量定义。

```
#include "stdio.h"
main( )
{    int a,b,c;
     a=3;
     c=a-b;
     b=2;
     printf("%d,",c);
}
```

本例是想输出a-b的结果，但是由于变量b在使用前并未真正赋值，所以本例是有错误的，若将语句b=2；放c=a-b；前面，则本程序正确运行。

深入理解变量的4个特性：

（1）一个变量必须有一个变量名。

（2）变量必须有其指定的数据类型。

（3）变量一旦被定义，它就在内存中占有一个位置，这个位置称该变量的地址。

（4）每一个变量都有其对应的值。

变量与常量都有自己的数据类型。下面分别介绍基本的数据类型：整型、浮点型、字符型。

2.3.3 整型数据

1. 整型常量

在C语言中，使用的整型常量有八进制、十六进制和十进制三种。

（1）八进制整常数表示形式。

八进制整常数必须以0开头。数码取值为0~7。

合法的八进制数如：015、0101、0177777、-020。不合法的八进制数如：256（无前缀0）、03A2（包含了非八进制数码）。

（2）十六进制整常数表示形式。

十六进制整常数的前缀为0X或0x。其数码取值为0~9，A~F或a~f。

合法的十六进制整常数如：0X2A、0XA0 、0x123、-0x12。 不合法的十六进制整常数如：5A（无前缀0X）、0X3H（含有非十六进制数码）。

（3）十进制整常数表示形式。

十进制整常数没有前缀。其数码取值为0~9。

合法的十进制整常数如：237、-568、65535、1627 。不合法的十进制整常数如：023（不能有前导0）、23D（含有非十进制数码）。

2. 整型变量

整型变量分为带符号整型和无符号整型。带符号整型又分为带符号基本整型（简称整型）、带符号短整型（简称短整型）、带符号长整型（简称长整型）三种。无符号整型又分为无符号基本整型（简称无符号整型）、无符号短整型和无符号长整型三种。其类型标识符、内存中分配的字节数和值域如表2-2所示。

表2-2 整型变量类型

符号	类型名	类型标识符	分配字节数	值域
带符号	整型	int	2	$-2^{15} \sim 2^{15}-1$
	短整型	short（或short int）	2	$-2^{15} \sim 2^{15}-1$
	长整型	long（或long int）	4	$-2^{31} \sim 2^{31}-1$
无符号	无符号整型	unsigned或（unsigned int）	2	$0 \sim 2^{16}-1$
	无符号短整型	unsigned short	2	$0 \sim 2^{16}-1$
	无符号长整型	unsigned long	4	$0 \sim 2^{32}-1$

说明：

（1）在Turbo C中，把短整型变量作为整型变量处理，把无符号短整型变量作为无符号整型变量处理。

（2）如果整型常量的范围是$-2^{15} \sim 2^{15}-1$，则认为它是int型，可以把它赋给int型或long int型变量。

（3）如果整型常量的范围是$-2^{31} \sim -2^{15}-1$或$2^{15} \sim 2^{31}-1$，则认为它是long int型，可以把它赋给long int型变量。

（4）在一个整型常量的后面加字母l或L，则为long int常量。如：0l、123l、345L等。在赋值时，如果不是值域范围的值，在编译时不会出错，但得不到原值，这种现象称为溢出。

3. **整型变量的定义**

变量定义的格式是：类型标识符　变量名表；

如：int a,b,c;　　　　　　　/*变量a,b,c 可以存放整型常量*/

long a1,b1,c1;　　　　　　/*变量a1,b2,c1 可以存放长整型常量*/

【例2-4】整型变量的定义与使用。

```
#include "stdio.h"
main( )
{    int a,b,c,d;
     unsigned u;
     a=12; b=-24;
     u=10;
     c=a+u;  d=b+u;
     printf("%d,%d\n",c,d);
}
```

说明：本例中定义 a、b、c、d为整型变量，u为无符号整型变量，在书写变量定义时，应注意以下几点：

（1）变量定义时，可以说明多个相同类型的变量。各个变量用"，"分隔。类型说明与变量名之间至少有一个空格间隔。

（2）最后一个变量名之后必须用"；"结尾。

（3）变量定义必须放在变量使用之前。一般放在函数体的开头部分。

（4）可以在定义变量的同时，对变量进行初始化。

4. 整型数据的溢出

在C语言中，如果一个变量的值超过了各种类型整形数据所允许的最大范围，则会出现溢出的现象。下面看个简单的例子。

【例2-5】整型数据的溢出。

```
#include "stdio.h"
main( )
{    int a,b;
     a=32767; b=a+1;
     printf("%d,%d\n",a,b);
}
```

其中变量a（32767）的内存的表示形式如下：

0	1	1	1	1	1	1	1	1	1	1	1	1	1	1	1

当变量a加1后变成如下形式：

1	0	0	0	0	0	0	0	0	0	0	0	0	0	0	0

而它是-32768的补码形式，所以输出的变量b值为-32768，而引起这种情况的原因是整型变量的取值范围是-32768~32767，而b的取值超过了32767，无法正确表示，而发生数据溢出。但运行时不会报错，可见在程序中合理定义变量的数据类型是非常重要的。所以在写代码时一定要认真分析，本例中将int b 改为 long型则，能得到预期结果32768。

2.3.4 实型数据

1. 实型常量（浮点型常量）

实型常量也称为实数或者浮点数，也就是带小数点的数。实型常量有两种表示形式：

（1）十进制数形式。由数码0~9和小数点组成。例如：0.0、.25、5.789、0.13、5.0、300.、-267.8230等均为合法的实数，注意必须有小数点。

（2）指数形式。由十进制数，加阶码标志"e"或"E"以及阶码（只能为整数，可以带符号）组成。其一般形式为a E n （a为十进制数为整数部分，E为指数部分，n为十进制整数为尾数部分）其值为 a*10n。

> 注意：
> （1）字母e或E之前必须有数字，e后面的指数必须为整数。例如：e3、2.1e3.5、.e3、e都不是合法的指数形式。
> （2）规范化的指数形式。在字母e或E之前的小数部分，小数点左边应当有且只能有一位非0数字。用指数形式输出时，是按规范化的指数形式输出的。例如：2.3478e2、3.0999E5、6.46832e12都属于规范化的指数形式。
> （3）在不加说明的情况下，实型常量为正值。如果表示负值，需要在常量前使用负号。
> （4）实型常量的整数部分为0时可以省略，如下形式是允许的：.57、.0075e2、-.125、-.175E-2。

2. 实型变量

实型变量分为单精度型和双精度型两种，其类型标识符、内存中分配的字节数、有效数字位数和值域见表2-3。

表2-3　实型变量类型

类型名	类型标识符	分配字节数	有效位数	值域(绝对值)
单精度实型	float	4	7	$-3.4 \times 10^{38} \sim 3.4 \times 10^{38}$
双精度实型	double	8	15~16	$-1.7 \times 10^{308} \sim 1.7 \times 10^{308}$

实型常量在内存中以双精度形式存储，所以一个实型常量既可以赋给一个单精度实型变量，也可赋给一个双精度实型，系统会根据变量的类型自动截取实型常量中相应的有效位数字。

实型数据是按照指数形式存储的，系统将实型数据分为小数部分和指数部分分别存放。

3. 实型变量的定义

实型变量的定义与整型相同。例如：

```
float x=1.27, y=3.54          /*x、y为单精度变量，且初值为：1.27、3.54*/
double a,b,c;                  /* 定义双精度变量a、b、c*/
```

对于每一个实型变量也都应该先定义后使用。

4. 实型数据的舍入误差

【例2-6】单精度浮点型变量输出

```
#include "stdio.h"
main( )
{    float a=33333.33333;
     printf("%f\n",a);
}
```

程序运行结果如下：

33333.332031

很明显，输出结果中小数的后四位是无效的，也就是说，是存在舍入误差的。

说明：在Turbo C中单精度型变量占4个字节（32位）内存空间，只能提供七位有效数字，在有效位以外的数字将被舍去，由此可能会产生一些误差，而本例中整数已占五位，故小数两位之后均为无效数字。

2.3.5 字符型数据

1. 字符常量

用一对单引号括起来的一个字符称为字符常量。如：'a'、'7'、'#' 等。在 C 语言中，字符常量有以下特点：

（1）字符常量只能用单引号括起来，单引号只起定界作用并，不表示字符本身。单引号中的字符不能是单引号（ ' ）和反斜杠（ \ ）。

（2）字符常量只能是单个字符，不能是字符串，且字符常量是区分大小写的。

（3）每个字符常量都有一个整数值，就是该字符的ASCII码值（参见附录ASCII表）。如字符常量'a'的ASCII码为97，字符常量'A'的ASCII码为65，由此可知'a'和'A'是两个不同的字符常量。

2. 转义字符

转义字符是一种特殊的字符常量。以"\"开头的字符序列，用来表示一些难以用一般形式表示的字符。常用的转义字符见表2-4。

表2-4 常用转义字符

转义字符	功能	转义字符	功能
\n	换行	\t	横向跳格（即到下一个制表站）
\b	退格	\'	单引号字符" ' "
\r	回车	\\	反斜杠字符"\"
\a	响铃	\ddd	1~3位八进制数所代表的字符
\v	纵向跳格	\xhh	1~2位十六进制数所代表的字符
\f	走纸换页	\0	空操作字符（ASCII码为0）

注意：

转义字符开头的"\"，并不代表一个斜杠字符，其含义是将后面的字符或数字转换成另外的意义；另外，转义字符仍然是一个字符，仍然对应于一个ASCII值。如"\n"中的"n"不代表字母n，而是代表"换行"符，其ASCII值为10。

3. 字符变量

字符变量的类型标识符为char，内存中分配1个字节。

在对字符变量赋值时，可以把字符常量（包括转义字符）赋给字符变量。如：

    c1='a'；
    c2='\376'；

4. 字符数据和整型数据的关系

（1）字符常量与其对应的ASCII码通用。

（2）字符变量和值在0~127之间的整型变量通用。

【例2-7】字符常量与整型常量转换。

```
#include "stdio.h"
main( )
{    char a;
     a=120;
     printf("%c,%d,\n",a,a);
}
```

程序运行结果如下：

x, 120

字符值是以ASCII码的形式存放在变量的内存单元之中的，也可以把它们看成是整型量，所以在按指定格式输出的时候，这两种输出结果实质是同一个变量值的两种表示形式。

5. 字符串常量

字符串常量是用一对双引号括起来的一个字符序列。例如："CHINA"，"C program："，"$12.5"等都是合法的字符串常量。字符串常量和字符常量是不同的量。

说明：

（1）字符串常量在存储时除了存储双引号中的字符序列外，系统还会自动在最后一个字符的后面加上一转义字符'\0'，所以一个字符串常量在内存中所占的字节数是字符串长度加1。如"china"的长度为5，而在内存中占的字节数为6。

c	h	i	n	a	\0

（2）'\0'是ASCII码为0的空操作字符，C语言规定用'\0'作为字符串的结束标志，目的是方便系统据此判断字符串是否结束。

（3）区别'a'和"a"，前者为字符常量，后者是以'\0'结束的字符串常量。

（4）字符串常量中的字符可以是转义字符，但它只代表一个字符。如：字符串"ab\n\\cd\e"的长度是7，而不是10。

（5）不能将字符串常量赋给字符变量。如下面的赋值是错误的：

c1="a";

c2="china";

在C语言中没有相应的字符串变量。但是可以用一个字符数组来存放一个字符串常量，这在后面的章节介绍。

2.4 变量赋初值

变量定义好以后就要使用变量，第一步是给变量赋初值（变量的初始化），有了值后的变量才能参加运算。变量赋初值是赋值运算的一个特例。变量赋初值的形式有：

（1）先定义变量，再变量赋初值。如：

int a,b,c;   /*定义a、b、c为整型变量*/

a=1；b=2;c=3;

（2）定义变量的同时初始化。如：

int a=3;

float f=3.56;   /*定义f为实型变量，初值为3.56*/

char c='a'；   /*定义c为字符型变量，初值为'a'*/

（3）可以只对定义的一部分变量赋初值。如：

int a,b=2;   /*定义a，b为整型变量，只对b初始化，b的初值为2*/

初始化不是在编译阶段完成的，而是在程序运行时执行本函数时赋予初值的，相当于有一个赋值语句。如：

int a=3；相当于：int a;a=3;

2.5 算术运算符和算术表达式

2.5.1 算术运算符

语言的算术运算符用于各类数值运算，包括加（+）、减（-）、乘（*）、除（/）、求余（或称模运算，%）、自增（++）、自减（--）共七种，下面介绍一下这几个运算符。

1. **基本算术运算符**

+ 加法运算符，或正值运算符。

- 减法运算符，或负值运算符。

* 乘法运算符。

/ 除法运算符。

% 模运算符，或称求余运算符，要求%两侧均为整型数据。

需要说明的是：两个整数相除结果为整数，如5/3的结果值为1，舍去小数部分。但是如果除数或被除数中有一个为负值，则舍入的方向是不固定的，例如，-5/3在有的机器上得到结果-1，有的机器则给出结果-2，多数机器采取"向零取整"方法，即5/3=1，-5/3=-1，取整后向零靠拢。使用求余运算符时，要求%两侧均为整型数据，运算结果的符号与被除数一致。例如：7%2的值是1，-7%2的值是-1，7%-2的值是1，-7%-2的值是-1；7.0%2是非法的。

2. **自增自减运算符**

++ 自加运算符，作用是使变量的值增1。

-- 自减运算符，作用是使变量的值减1。

++和--既可作为变量的前缀，又可作为变量的后缀。如：

++a;　　　　　　　/*先将a的值加1，然后使用a*/

a++;　　　　　　　/*先使用a，然后将a的值加1*/

++a和a++的作用都相当于a=a+1，但++a的是先执行a=a+1，然后再使用a的值；而a++是先再使用a的值，然后再执行a=a+1。

--a;　　　　　　　/*先将a的值减1，然后使用a*/

a--;　　　　　　　/*先使用a，然后将a的值减1*/

--a和a--的作用都相当于a=a-1，但--a是先执行a=a-1，然后再使用a的值；而a--是先使用a的值，然后再执行a=a-1。

> **注意：**
> 　　自加运算符和自减运算符只能用于变量，不能用于常量和表达式。如4++和++（a+b）都是错误的。

2.5.2 算术表达式

在C语言中，用算术运算符和圆括号将运算对象连接起来的，并且符合C语言语法规则的式子称为算术表达式。如：

12/3+78*6−（10+65%14）

单个的常量和变量都是算术表达式，是最简单的算术表达式。算术表达式的值是数值型。

> **注意：**
>
> C语言中算术表达式与数学表达式的书写形式有一定的区别：
>
> （1）C语言算术表达式的乘号（*）不能省略。例如：数学式b2−4ac，相应的C表达式应该写成：b*b−4*a*c。
>
> （2）C语言表达式中只能出现字符集允许的字符。例如，数学 π r2相应的C表达式应该写成：PI*r*r。（其中PI是已经定义的符号常量）
>
> （3）C语言算术表达式不允许有分子分母的形式。例如（a+b）/（c+d）。
>
> （4）C语言算术表达式只使用圆括号改变运算的优先顺序（不要指望用{}[]）。可以使用多层圆括号，此时左右括号必须配对，运算时从内层括号开始，由内向外依次计算表达式的值。

2.5.3 算术运算符优先级和结合性

1. 优先级

算术运算符优先级从高到低的顺序为：

−（取负）、++、−−、*、/、%、+、−

如：++a+b/5 等价于（++a）+（b/5）

2. 结合方向

−（取负）、++和−−的结合方向为右结合，+、−、*、/和 %的结合方向为左结合。

当运算符++、−−和运算符+、−进行混合运算时，C语言规定，自左向右尽可能多的算符组成运算符。

【例2−8】运算符的优先级与结合性。

```
#include "stdio.h"
main( )
{    int e, d,a=3,b=4,c=5;
     d=a−b+c;
     e =a−b*c;
     printf("%d,%d",d,e);
}
```

程序运行结果为：

4,−17

例中我们用到了算术表达式a−b*c、a+b−c；说明如下：

（1）C语言规定了运算符的优先级和结合性，在表达式求值时，先按运算符的优先级别高低次序执行，先乘除后加减。如a−b*c, b的左侧为减号，右侧为乘号，而乘号优先于减号，因此，相当于：a−(b*c)=3−(5−4)=2，然后将数值3赋给变量d 。

（2）如果一个运算两侧的运算符的优先级别相同，如：a−b+c，则按规定的结合方向处理。C规定了各种运算符的结合方向，赋值运算符具有右结合性，先执行=右边的表达式a-b+c的值；算术运算符具有左结合性，即运算对象先与左面的运算符结合，因此b先与减号结合，执行a-b的运算，再执行加c的运算。a-b+c=（3-4）+5= 4，最后将表达式的值4赋值给变量e。

2.5.4 算术运算中的类型转换

1. 自动类型转换

转换的规则是：若为字符型，必须先转换成整型，即其对应的ASCII码；若为单精度型，必须先转换成双精度型；若运算对象的类型不相同，将低精度类型转换成高精度类型。精度从高到低的顺序是：

double→long→unsigned→int。

根据算术运算符的优先级、结合方向和类型自动转换规则，表达式 3.14+18/4+'a'的运算过程为：

（1）计算18/4得int型数4。

（2）将3.14转换成double型，再将4转换成double型，计算3.14+4.0得double型数7.14。

（3）先将'a'转换成int型数97，然后再将int型数97转换成double型97.0，计算7.14+97.0得double型数104.14，整个表达式的值为104.14。

2. 强制类型转换

强制类型转换的一般形式是：

（类型标识符）（表达式）

其功能是把表达式的运算结果强制转换成类型标识符所表示的类型。如：

(int)(x+y)   /*将x+y 的值转换成整型*/

(int）x+y   /*将x 的值转换成整型*/

说明：

（1）类型标识符必须用圆括号括起来。

（2）强制类型转换只是得到一个所需类型的中间值，原来说明的数据类型并没有改变。

（3）由高精度类型转换成低精度类型可能会损坏精度。

【例2-9】强制类型转换运算。

```
#include "stdio.h"
main( )
{    int i =3;
     float x;
     x=(float)i;
     printf("i=%d,x=%f",i,x);
}
```

程序运行结果为：

i=3,x=3.000000

本例中；（float）这样的符号我们称之为强制类型转运算符，强制类型转换是通过类型转换运算来实现的，它的功能是实现把整型变量i强制转换为浮点型。

无论是强制转换或是自动转换，都只是为了本次运算的需要而对变量的数据长度进行的临时性转换，得到一个所需类型的中间变量，原来变量的类型未发生变化。如本例中i的值仍然输出3。

现在我们已经学习了两种变量类型转换：一种是自动转换，一种是强制转换。自动转换发生在不同数据类型的量混合运算时，由编译系统自动完成。再总结一下自动转换遵循规则：

（1）若参与运算量的类型不同，则先转换成同一类型，然后进行运算。

（2）转换按数据长度增加的方向进行，以保证精度不降低。如int型和long型运算时，先把int量转成long型后再进行运算。

（3）所有的浮点运算都是以双精度进行的，即使仅含float单精度量运算的表达式，也要先转换成double型，再作计算。

（4）char型和short型参与运算时，必须先转换成int型。

（5）在赋值运算中，赋值号两边量的数据类型不同时，赋值号右边量的类型将转换为左边量的类型。如果右边量的数据类型长度左边长时，将丢失一部分数据，这样会降低精度，丢失的部分按四舍五入向前舍入。

（6）强制类型转换和自动类型转换都是为了实现运算数据类型的统一，当自动类型转换不能实现目的时，我们可以用强制类型转换，如‘%’运算符，要求其两侧均为整型量；若x为float型，则x%5是不合法的，必须将x强制转换为int型变量，即表达式写为：（int）x %3，强制类型转换运算符优先级高于%运算符，所以先进行（int）x的运算，得到一个临时整型变量，然后再进行取模运算。

2.6 赋值运算符和赋值表达式

1. 基本赋值运算符和赋值表达式

基本赋值运算符是：　　=

基本赋值表达式的一般形式为：

变量名　=　表达式

其求解过程是：先计算赋值运算符右侧表达式的值，然后将其赋给左侧的变量。

2. 复合赋值运算符和赋值表达式

复合赋值运算符是：+=，−=，*=，/=，%=，&=，|=，^=，<<=，>>=。

复合赋值表达式的一般形式为：

变量名　复合赋值运算符　表达式

它等效于：

变量 = 变量　运算符　表达式

其求解过程是：将变量和表达式进行指定的符合运算，然后将结果赋给变量。

如：a*=b+1 等价于 a=a*（b+1）

3. 赋值表达式的值和类型

不论是基本的赋值运算还是复合的赋值运算（包括赋初值），运算完毕后，赋值表达式都有值，赋值表达式的值就是被赋值的变量的值，类型就是被赋值的变量的类型。若赋值运算符右侧表达式值的类型与赋值运算符左侧变量的类型不一致，C语言编译系统自动将赋值运算符右侧表达式值转换成左侧变量的类型，然后赋值给变量。如：

设有定义 int a;

则表达式a=2*3.4的类型为整型，其值为6。

优先级是指同一表达式中多个运算符被执行的次序，在表达式求值时，先按运算符的优先级别由高到低的次序执行，例如，算术运算符中采用"先乘除后加减"。如果在一个运算对象两侧的优先级别相同，则按规定的"结合方向"处理，称为运算符的"结合性"。

（1）左结合 - 变量（或常量）与左边的运算符结合　运算顺序为自左至右；

（2）右结合 - 变量（或常量）与右边的运算符结合　运算顺序为自右至左。

关于运算优先级和结合性，详细请见附录C运算符的优先级和结合性表。

1. 优先级

赋值运算符的优先级相同，它比后面介绍的运算符的优先级都低。

2. 结合方向

赋值运算符的结合方向都是右结合。如：

x=y=z=3+5等价于 x=(y=(z=3+5))

a+=a-=a*a等价于a+=(a-=a*a)

设有定义 int a=12;

则根据运算符的优先级和结合方向，表达式a+=a-=a*a的求解步骤是：

先计算表达式a-=a*a，它相当于a=a-(a*a)，由此可得a= -132，这时变量a 的值是-132，由于表达式a-=a*a的值就是变量a的值，所以表达式a-=a*a的值是-132；然后计算表达式a+=-132，它相当于a=a-132，由此可得a=-264，变量a 的值是-264。由于表达式a=a-132就是变量a的值，所以表达式a=a-132的值是-264，即表达式a+=a-=a*a的值是-264。

注意：

（1）赋值运算符左边必须是变量，不允许出现常量或表达式形式(不包括合法的指针表达式)；右边可以是常量、变量、函数调用或常量、变量、函数调用组成的表达式。如：x+y=10和6=a+b都是错误的。

（2）赋值符号"="不同于数学的等号，它没有相等的含义。（"=="相等）

（3）变量未赋初值不能参与运算。

【例2-10】赋值运算。

```
#include "stdio.h"
main( )
{    int x,y,z;
     z=x+y;
     printf("%d\n",z);
}
```

分析：这个程序在编译时会给出警告，告诉变量x、y 没有赋值就使用了。如果要执行这个程序，输出将是一个混乱的值，在程序中变量应该先赋值后再引用。

2.7 位运算符、逗号运算符和求字节运算符

2.7.1 位运算符

C语言既具有高级语言的特点，又具有低级语言的功能，下面将介绍位运算符。位运算是指进行二进制位的运算。

1. 位运算符

C语言提供的位运算符如下：

    &   按位与

    | 按位或

    ∧   按位异或

    ~   取反

    <<   左移

    >>   右移

其中，"~"是单目运算符，其他是双目运算符。

只有整型或字符型的数据能参加位运算，实型数据不能，位运算结果的数据类型为整型。下面对各运算符分别介绍：

（1）按位与运算符—&。

参加运算的两个数据的对应位都为1，则该位的结果为1，否则为0。如：求3&5=1。先把3和5以补码表示，再进行按位与运算。

```
        00000011            3的补码
        &                   5的补码
        00000101
        ─────────────────────────────
        00000001            3&5
```

（2）按位或运算符—|。

参加运算的两个数据的对应位都为0，则该位的结果为0，否则为1。如：060|017=077。

解析：将八进制数60与八进制数17进行按位或运算。

```
        00110000            060
        |                   017
        00001111
        ─────────────────────────────
        00000001            077
```

（3）按位异或运算符—∧。

参加运算的两个运算量的对应位相同，则该位的结果为0，否则为1。如：57∧42=19。

```
        00111001            57
        ∧                   42
        00101010
        ─────────────────────────────
        00010011            19
```

（4）按位取反运算符—~。

用来将一个二进制数按位取反，即1变0，0变1。如：~023的值是0177754。

（5）左移运算符—<<。

将一个数的各二进位全部左移若干位，左边移出的位丢失，右边空出的位补0。如：15<<2

15的二进制数00001111，则：

15　　　　00001111

↓　　　　　↓

15<<1　　　00011110

↓　　　　　↓

15<<2　　　00111100

15<<2的结果是60。

（6）右移运算符—>>。

用来将一个数的各二进位全部右移若干位，在Turbo C中，右边移出的位丢失，左边空出的位补原来最左边的那位的值，即原来最左边那位的值为0，左边空出的位就补0，原来最左边那位的值为1，左边空出的位就补1。但有的系统左边空出的位补0。

如：023>>2表示将023的各二进制位右移两位，其值是04。

2. 优先级

"<<"和">>"的优先级相同，位运算符优先级从高到低的顺序是：

~————▶<<　>>————▶&————▶∧————▶|

"~"的优先级高于算术运算符；"<<"和">>"的优先级低于算术运算符，但高于关系运算符；&、^和|的优先级低于关系运算符，高于逻辑运算符&&和||。

3. 结合方向

"~"的结合方向是右结合，其他位运算符的结合方向为左结合。

2.7.2 逗号运算符

C语言提供一种特殊的运算符–逗号运算符 "，"。逗号运算符的优先级是C语言所有运算符中最低的，结合方向为左结合，逗号运算符是双目运算符。逗号表达式是由一系列逗号隔开的表达式组成，逗号表达式的一般形式为：

表达式1，表达式2[，表达式3，……，表达式n]

其中，方括号内的内容为可选项。表达式i（1≤i≤n）的类型任意。

逗号表达式的求解过程是：从左向右依次计算每个表达式的值，逗号表达式的值就是最右边表达式的值，逗号表达式值的类型就是最右边表达式的值的类型。

【例2-11】逗号表达式。

```c
#include "stdio.h"
main( )
{    int s,x;
     s=(x=8*2,x*4);
     printf("x=%d,s=%d",x,s);
}
```

程序运行结果如下：

x=16, s =64

本例中，先计算8*2值16，并赋值给变量x，然后计算x*4，值为64，逗号表达式具有右结合性，所以s等于整个逗号表达式中表达式2的值，即x*4的值，所以s值为64。为了帮助大家理解，看如下几个例子：

x=(z=5,5*2)

/*整个表达式为赋值表达式，括号内逗号表达式的值x的值为10，将逗号表达式的值赋值给变量x,z的值为5*/

x=z=5,5*2

/*整个表达式为逗号表达式，它的值为10，x和z的值都为5*/

逗号表达式用的地方不太多，一般情况是在给循环变量赋初值时才用得到。所以程序中并不是所有的逗号都要看成逗号运算符，尤其是在函数调用时，各个参数是用逗号隔开的，这时逗号就不是逗号运算符。

2.7.3 求字节运算符

求字节运算符是sizeof，它是一个单目运算符，其优先级高于双目算术运算符，该运算符的用法是：

sizeof（类型标识符或表达式）

用来求任何类型的变量或表达式的值在内存中所占的字节数，其值是一个整型数。sizeof使用形式为：sizeof（变量名）或sizeof变量名，带括号的用法更普遍，大多数程序员采用这种形式。看下面的例子。

【例2-12】sizeof运算符返回数据类型的长度。

```
#include "stdio.h"
main( )
{    int d,i;
     d=sizeof(double);
     i=sizeof(int);
     printf("d=%d,i=%d",d,i);
}
```

程序运行结果为：

8,2

本例中sizeof 返回数据类型的长度，double类型在内存中占用8个字节，int类型在内存中占用2个字节，所以输出结果为8和2。

说明：

（1）sizeof操作符不能用于函数类型，不完全类型或位字段。不完全类型指具有未知存储大小的数据类型，如未知存储大小的数组类型、未知内容的结构或联合类型、void类型等。如sizeof（max）若此时变量max定义为int   max(),sizeof（char_v）若此时char_v定义为char   char_v [MAX]且MAX未知，sizeof（void）都不是正确形式。

（2）char、int、unsigned int、short   int、unsigned   short、long   int、unsigned long、 float、double、long   double类型的sizeof   在ANSI C中没有具体规定，大小依赖于

实现，我们一般分别取1、2、2、2、2、4、4、4、8、10。

（3）sizeof的优先级为2级，比/、%等3级运算符优先级高。它可以与其他操作符一起组成表达式。如i*sizeof（int）；其中i为int类型变量。

2.8 二级真题解析

一、选择题

（1）有以下定义语句，编译时会出现编译错误的是（　　）。

A. char a= 'a'　　　　　　　　　　B. char a= '\n'

C. char a= 'aa'　　　　　　　　　　D. char a= '\x2d'

【答案】C

【解析】aa是字符串，不用加上单引号。

（2）以下C语言标识符中，不合法的是（　　　　）。

A. _1　　　　　B. AaBc　　　　　　C. a_b　　　　　D. a—b

【答案】D

【解析】标识符由字母、下划线组成，开头不能是数字。

（3）以下选项中不能用作C程序合法常量的是（　　　）。

A. 1,234　　　　　B. \123　　　　　　C. 123　　　　　D. "\X7G"

【答案】A

【解析】选项A中的1,234在两侧加双引号才是C程序的合法常量。

二、填空题

（1）若有语句double x=12;int y;,当执行y=(int)(x/5)%2;之后y的值为_____。

【答案】1

【解析】y=(int)(x/5)%2=(int)(3.4)%2=3%2=1

（2）以下程序的功能是：将值为三位正整数的变量x中的数值按照个位、十位、百位的顺序拆分并输出。请填空。

```
#include "stdio.h"
main( )
{    int x=256;
     printf("%d-%d-%d",_____,x/10%10,x/100);
}
```

【答案】x%10

【解析】x=256,x%10=6,是取个位上的值。

2.9 习题

一、选择题

（1）对C语言源程序执行过程描述正确的是（　　）。

A. 从main函数开始执行

B. 从程序中第一个函数开始执行，到最后一个函数结束

C. 从main函数开始执行，到源程序最后一个函数结束

D. 从第一个函数开始执行，到main函数结束

（2）以下对C语言的描述中，正确的是（   ）。

A. C语言源程序中可以有重名的函数

B. C语言源程序中要求每行只能书写一条语句

C. 注释可以出现在C语言源程序中的任何位置

D. 最小的C语言源程序中没有任何内容

（3）以下不能定义为用户标识符的是（   ）。

A. ain   B. _0   C. _int   D. sizeof

（4）设x,y,z,k都是int型变量，则执行表达式：x=(y=4,z=16,k=32)后，x的值为（   ）。

A. 4   B. 16   C. 32   D. 52

（5）以下选项中，属于C语言中合法的字符串常量的是（   ）。

A. how are you   B. "china"   C. 'hello'   D. abc

（6）在C语言中，合法的长整型常数是（   ）。

A. 0L   B. 49267^{10} C. 3245628&   D. 216D

（7）以下程序的输出结果（   ）。

```
main( )
{   int i=010,j=10;
    printf("%d,%d\n",++i,j--);
}
```

A. 11,10   B. 9,10   C. 010,9   D. 10,9

（8）表达式a+=a-=a=9的值是（   ）。

A. 9   B. -9   C. 18   D. 0

（9）若已定义x和y为double类型，则表达式x=1,y=x+3/2的值是（   ）。

A. 1   B. 2   C. 2.0   D. 2.5

（10）若有以下定义：char a;int b;

float c;double d;

则表达式a*b+d-c值的类型为（   ）。

A. float   B. int   C. char   D. double

二、程序分析题

（1）有以下程序，该程序的输出结果是（   ）。

```
main( )
{   int x,y,z;
    x=y=1;z=x++,y++,++y;
    printf( "%d,%d,%d\n" ,x,y,z);
```

```
}
```

（2）以下程序的输出结果是（　　　）。

```
main( )
{    int a=0 ;
     a+=(a=8);
     printf("%d\n",a);
}
```

（3）已知字母a的ASCII码为十进制数的97，下面程序的输出结果是（　　　）。

```
main( )
{    char c1,c2;
     c1='a'+'5'-'3';
     c2='a' +'6' -'3';
     printf("%c,%d\n",c1,c2);
}
```

（4）下列程序的执行结果是 （　　　）。

```
main( )
{    int a=5,b=2;float x=4.5,y=3.0,u;
     u=a/3+b*x/y+1/2;
     printf("%.2f\n",u);
}
```

（5）以下程序的输出结果是（　　　）。

```
main( )
{int  i=10,j=1;
   printf("%d,%d\n",i--,++j);
}
```

（6）下列程序的输出结果是 （　　　）。

```
main( )
{    int m=3,n=4,x;
     x=-m++;
     x=x+8/++n;
     printf("%d\n",x);
}
```

（7）以下程序的输出结果是（　　　）。

```
main( )
{    double d=3.2; int x,y;
     x=1.2; y=(x+3.8)/5.0;
     printf("%f \n", d*y);
```

```
}
```

（8）以下程序的输出结果是（   ）。

```
main( )
{    int k=11;
     printf("k=%d,k=%o,k=%x\n",k,k,k);
}
```

三、填空题

（1）填写程序运行结果。

```
main( )
{    int i=2,j;
     (j=3*i,j+2),j*5;
     printf("j=%d\n",j);
}
```

以上程序的执行结果是_____。

（2）若t为double类型，表达式 t=1,t+5, t++的值就是_____。

（3）读下面程序：

```
main()
{    char a=9,b=020;
     printf("%o\n",~a&b<<1);
}
```

以上程序的输出结果是_____。

（4）已知A的ASCII码值为65，小写字母比大写字母ASCII码值大32，则执行下列语句的输出结果为_____。

```
main()
{    char a='A';
     int b=20;
     printf("%d,%o",(a=a+1,a+b,b) , a='a'-'A',b);
}
```

（5）以下语句的输出结果是_____。

```
main()
{    int i=-19,j;
     j=i%4;
     printf("%d\n",j);
}
```

（6）下面程序的运行结果是_____。

```
main()
{    int x,y,z;
```

```
        x=y=z=1;
        y++;
        ++z;
        printf("x=%d,y=%d,z=%d\n",x,y,z);
        x=(-y++)+(++z);
        printf("x=%d,y=%d,z=%d\n",x,y,z);
        x=y=1;z=++x||y++;
        printf("x=%d,y=%d,z=%d\n",x,y,z);
}
```

第3章 顺序结构程序设计

3.1 C语句概述

语句是C程序的主要表现形式，每一条语句都是用户给计算机发出的一条完整的指令，这些语句经过编译后生成机器指令，指导计算机来完成相应的任务。在C语言程序中，每条语句都要用分号"；"作为结束标志。分号是C语句的一个重要组成部分。C语言的语句可以分为以下5类。

（1）表达式语句。在前文已讲到各种表达式，表达式语句就是在表达式的末尾加上分号所构成的语句。

例如：a+b是一个算术表达式，而a+b;则是一个语句，即表达式语句。

a=1是一个赋值表达式，而a=1；则是一个赋值语句。

（2）函数调用语句。函数调用语句由一个函数名、一对小括号和一个分号构成，其一般形式为：

函数名（实参表）；

例如：printf（"hello world!"）；

这是一条函数调用语句，printf是从标准函数库"stdio.h"中调用。

（3）控制语句。控制语句主要针对选择、循环等结构进行控制。在C语言中，控制语句共有9条，包括12个关键字。控制语句可以分为以下几类：

● 选择语句：if……else、switch（第4章将详细讲解）。

● 循环语句：for、while、和do……while（第5章将详细讲解）。

● 转向语句：continue、break和goto。

● 返回语句：return

（4）空语句。只有一个"；"构成的语句，语句执行的作用是产生延迟。

> 注意：
> 预处理命令、函数头和大括号"}"等语句之后都不允许出现空语句。

例如，#include<stdio.h>后面不允许添加分号，在if语句和for语句之后也不能添加分号。

（5）复合语句。用一对大括号"{ }"将一条或多条语句括起来形成一个语句组，在语法上作为一个整体对待，相当于一条语句。复合语句的形式为：

{语句1；语句2；语句3；}

例如：

```
{    z=x+y;
    printf("%d",z);
}
```

此时的两条语句就看做一个整体，相当于一条语句即复合语句。

3.2 基本输入输出函数

为了让计算机处理各种数据，首先就应该把源数据输入到计算机中；计算机处理结束后，再将目标数据信息以人能够识别的方式输出。C语言本身没有提供输入、输出操作语句。C语言中的输入输出操作是由C语言编译系统提供的库函数来实现。下面介绍4个常用的输入、输出函数：printf函数、scanf函数、putchar函数、getchar函数。

3.2.1 格式化输出函数—printf()

printf()函数的作用：向计算机系统默认的输出设备（一般指终端或显示器）输出一个或多个任意类型的数据。一般调用格式：

printf("格式字符串"，输出表列)；

如：printf("a=%d,b=%d\n"，a,b)；

1. 输出表列

输出表列是要输出的数据，可以没有。当有两个或两个以上输出项时，要用逗号(，)分隔。输出表列中的输出项可以是常量、变量或表达式。下面的printf()函数都是合法的：

printf("I am a student.\n")；

printf("%d",3+2)；

printf("a=%f，b=%5d\n", a, a+3)；

2. 格式字符串

格式字符串也称转换控制字符串，由普通字符和格式说明符两部分组成。

（1）普通字符，即需要原样输出的字符，包括转义字符。格式字符串中的普通字符原样输出。

例如，printf("a=%d,b=%d\n"，a,b)；语句中的"，"、"a="、"b="等都是普通字符。

（2）格式说明符是以"%"开始，以一个格式字符结束，中间可以插入附加说明符，它的作用是将输出的数据转换为指定的格式输出，其一般形式为：

%[附加说明符]格式字符

printf()函数的格式字符和常用的附加说明符分别见表3–1和表3–2。

表3–1 printf()函数格式字符

格式字符	说　　　明
d、i	按十进制带符号形式输出整数（正数前无+号，负数前有-号）
o	按八进制无符号形式输出整数（无前导0）
x、X	按十六进制无符号形式输出整数（无前导0x）
u	按无符号十进制形式输出整数
c	按字符形式输出，只输出一个字符
s	输出字符串
f	按小数形式输出单、双精度实数，隐含6位小数
e、E	按标准指数形式输出单双精度实数，隐含5位小数，共11位
g	按%f和%e格式中输出宽度较小者输出（不输出无意义的0）

表3-2 printf()函数常用的附加说明符

附加说明符	说　　明
l	在d、i、o、x、X、u前，指定输出精度为long型
h（只能用于短整型）	在f、e、E、g前，指定输出精度为double型
m（代表一个整数）	按宽度m输出。若m>数据长度，左补空格，否则，按实际位数输出
−m（代表一个整数）	按宽度m输出。若m>数据长度，右补空格，否则，按实际位数输出
.n（代表一个整数）	在f前，指定n位小数
	在e或E前，指定n−1位小数
	在s前，指定截取字符串前n个字符
#	在八进制数或十六进制数前显示前导0或0x

3. 格式字符

输出不同类型的数据，要使用不同的格式字符。

（1）格式字符d，以带符号的十进制整数形式输出。

【例3-1】类型转换字符d的使用。

```
#include "stdio.h"
main( )
{    int  a=123;
     long  b=123456;
     printf("a=%d,a=%5d,a=%-5d,a=%2d\n",a,a,a,a);
     printf("b=%ld,b=%8ld,b=%5ld\n",b,b,b);
     printf("a=%ld\n",a);
}
```

程序运行结果如下：

```
a=123,a=□□123,a=123□□,a=123
b=123456,b=□□123456,b=123456
a=16908411
```

对于整数，还可用八进制、无符号形式（%o(小写字母o)）和十六进制、无符号形式（%x）输出。对于unsigned型数据，也可用%u格式符，以十进制、无符号形式输出。

所谓无符号形式是指，不论正数还是负数，系统一律当作无符号整数来输出。例如，printf("%d,%o,%x\n",-1,-1,-1);

（2）格式字符f，以小数形式、按系统默认的宽度，输出单精度和双精度实数。

【例3-2】类型转换字符f的使用。

```
#include "stdio.h"
main( )
```

```
{    float  f=123.456;
     double d1,d2;
     d1=11111111111111.111111111;
     d2=2222222222222.222222222;
     printf("%f,%12f,%12.2f,%-12.2f,%.2f\n",f,f,f,f,f);
     printf("d1+d2=%f\n",d1+d2);
}
```

程序运行结果如下：

123.456001,□□123.456001,□□□□□□123.46,123.46□□□□□□,123.46
d1+d2=3333333333333.333010

本例程序的输出结果中，数据123.456001和3333333333333.333010中的001和010都是无意义的，因为它们超出了有效数字的范围。

对于实数，也可使用格式符%e，以标准指数形式输出：尾数中的整数部分大于等于1、小于10，小数点占一位，尾数中的小数部分占5位；指数部分占4位（如e-03），其中e占一位，指数符号占一位，指数占2位，共计11位。

也可使用格式符%g，让系统根据数值的大小，自动选择%f或%e格式、且不输出无意义的0。

（3）格式字符c，输出一个字符（只占一列宽度）。

【例3-3】类型转换字符c的使用。

```
#include "stdio.h"
main( )
{    char c='A';
     int i=65;
     printf("c=%c,%5c,%d\n",c,c,c);
     printf("i=%d,%c",i,i);
}
```

程序运行结果如下：
c=A,□□□□A,65
i=65,A

需要强调的是，在C语言中，整数可以用字符形式输出，字符数据也可以用整数形式输出。将整数用字符形式输出时，系统首先求该数与256的余数，然后将余数作为ASCII码，转换成相应的字符输出。

（4）格式字符s，输出一个字符串。

【例3-4】类型转换字符s的使用。

```
#include "stdio.h"
main( )
```

```
{      printf("%s,%5s,%-10s","Internet","Internet","Internet");
       printf("%10.5s,%-10.5s,%4.5s\n","Internet","Internet","Internet");
}
```

程序运行结果如下：

Internet,Internet,Internet□□,□□□□□Inter,Inter□□□□□,Inter

说明：

（1）字符一定要小写（e、x除外），否则，将不是格式字符，而是作为普通字符处理。如：

printf("%D",123);　　　　　　　　　　　　/*输出结果为：%D*/

由于D不是格式字符，%D被认为是普通字符，所以输出结果为：%D。

（2）格式说明与输出项从左向右一一对应，两者的个数可以不相同，若输出项个数多于格式说明个数，输出项右边多出的部分不被输出；若格式说明个数多于输出项个数，格式控制字符串中右边多出的格式说明部分将输出与其类型对应的随机值。如：

printf("%d %d ",1,2,3);　　　　　　　　　　/*输出结果为1 2*/

printf("%d %d %d",1,2);　　　　　　　　　　/*输出结果为1 2 随机值*/

（3）格式控制字符串可以分解成几个格式控制字符串。如：

printf("%d%d\n",1,2); 等价于 printf("%d""%d""\n",1,2);

（4）在格式控制字符串中，两个连续的%只输出一个%。如：

 printf("%f%%",1.0/6);　　　　　　　　　　　/*输出结果为0.166666% */

（5）格式说明与输出的数据类型要匹配，否则，得到的输出结果可能不是原值。

3.2.2 格式化输入函数—scanf()

scanf()函数的作用：按指定的格式从键盘读入数据，并存入地址表列指定的内存单元中。一般调用格式：

scanf("格式字符串"，地址表列);

如：scanf("a=%d,b=%d\n", &a,&b);

1. 地址表列

地址表列是由若干个地址组成的表列，可以是变量的地址或其他地址，C语言中变量的地址通过取地址运算符"&"得到，表示形式为：&变量名，如变量a的地址为&a。

2. 格式字符串

格式字符串同printf()函数类似，是由普通字符和格式说明符组成。普通字符，即需原样输入的字符，包括转义字符。格式说明符同printf()函数相似。scanf()函数格式字符和常用的附加说明符见表3-1和表3-2。

说明：

（1）格式字符串中的普通字符必须原样输入。如：

scanf("a=%d,b=%d",&a,&b);

输入时应用如下形式：

a=3,b=4↙

（2）地址表列中的每一项必须为地址。如：

scanf("a=%d,b=%d",&a,&b);

不能写成：

scanf("a=%d,b=%d",a,b);

虽然在编译时不会出错，但是得不到正确的输入。

（3）在用"%c"格式输入字符时，空格和转义字符都作为有效字符输入。如：

scanf("%c%c%c",&ch1,&ch2,&ch3);/*输入：A□↙*/

字符A送给变量ch1，空格送给变量ch2，回车送给变量ch3。

（4）数据输入以回车结束，回车将存储在键盘缓冲区中，下次用scanf()之前，必须将其取出，否则，将得不到正确的输入。

（5）输入数据时不能指定精度。如：

scanf("%lf,%lf",&x,&y);

不能写成：

scanf("%8.3lf,%.4lf",&x,&y);

（6）输入数据时，遇空格、回车、跳格(TAB)、宽度结束或非法输入时该数据输入结束。如：

scanf("%d%c%lf",&a,&ch1,&x);　　　　　　/*输入：1234w12h.234*/

变量a的值为1234，变量ch1的值为w，变量x的值为12.00。

由于遇空格数据输入结束，所以用scanf()函数不能输入含有空格的字符串。

3.2.3 字符输出函数—putchar()

putchar()函数的功能是向显示器输出一个字符。一般调用格式：

putchar(参数)

其中，参数可以是任意类型表达式，一般为算术表达式。如：

putchar('a')　　　　　　　　　/*输出字符a*/

putchar(65)　　　　　　　　　/*输出ASCII码为65的字符A*/

putchar('a'+2)　　　　　　　　/*输出字符c*/

putchar('\n')　　　　　　　　/*输出一个换行符*/

说明：

（1）putchar()函数一次只能输出一个字符，即该函数有且只有一个参数。

（2）putchar()函数可以输出转义字符。

（3）在使用函数putchar()前，一定要使用文件包含：

#include"stdio.h"　或　#include<stdio.h>

3.2.4 字符输入函数—getchar()

getchar()函数的功能是从键盘读入一个字符。一般调用格式：

getchar()

说明：

（1）getchar()函数一次只能接收一个字符，即使从键盘输入多个字符，也只接收第一个。空格和转义字符都作为有效字符接收。

（2）接收的字符可以赋给字符型变量或整型变量，也可以不赋给任何变量，作为表达式的一部分。

（3）getchar()函数是无参函数。

（4）从键盘上输入的字符不能带单引号，输入以回车结束。

（5）在使用函数getchar()前，一定要使用文件包含：

    #include"stdio.h" 或 #include" stdio.h"

【例3-5】getchar()函数应用

```
#include "stdio.h"
main( )
{    char c;
     c=getchar();                        /*从键盘读入字符直到回车结束*/
     putchar(c);                         /*显示输入的第一个字符*/
}
```

getchar()函数也是从键盘上读入一个字符，并带回显。getchar()函数等待输入直到按回车才结束，回车前的所有输入字符都会逐个显示在屏幕上。但只有第一个字符作为函数的返回值。

3.3 编译预处理

在C语言源程序中，凡是以"#"开头的均为预处理命令，一般都放在源文件的前面，函数之外。

所谓预处理，是指在进行编译的第一遍扫描（词法扫描和语法分析）之前所做的工作。预处理是C语言的一个重要功能，由预处理程序负责完成。对源文件进行编译时，系统将自动引用预处理程序对源程序中预处理部分作处理，处理完再自动进入对源程序的编译。

C语言提供了多种预处理功能，主要有宏定义、文件包含、条件编译。

3.3.1 宏定义#define

在C语言源程序中允许用一个标识符来表示一个字符串，称为"宏"。被定义为"宏"的标识符称为"宏名"。在编译预处理时，对程序中所有出现的"宏名"，都用宏定义中的字符串去代换，这称为"宏代换"或"宏展开"。

宏定义是由源程序中的宏定义命令完成的。宏代换是由预处理程序自动完成的。在C语言中，宏分为有参数和无参数两种。下面分别讨论这两种宏的定义和调用。

1. **不带参数的宏定义**

不带参数宏定义的一般形式为：

#define 宏名 字符序列

其中，#define是宏定义命令，宏名是一个标识符，字符序列可以是常数、表达式、格式串等。

功能：用指定的宏名代替字符序列。

#define PI 3.14159

该宏定义的作用是用指定的宏名PI来代替其后面的字符序列3.14159，这样，在后续程序中凡是用到3.14159这个字符序列的地方，都可用PI来代替。

在编译预处理时，编译程序将所有的宏名替换成对应的字符序列，用字符串替换宏名的过程称为宏展开，也叫宏替换。

说明：

（1）宏名一般用大写，以便于阅读程序，但这并非规定，也可用小写。

（2）在宏定义中，宏名的两侧至少各有一个空格。

（3）宏定义不是C语句，不能在行尾加分号，如果加了分号，在预处理时连分号一起替换。一个宏定义要独占一行。

（4）宏定义的位置任意，但一般放在函数外。

（5）取消宏定义的命令是#undef，其一般形式为：

#undef 宏名

（6）宏名的作用域为宏定义命令之后到本源文件结束，或遇到#undef结束。

（7）在程序中，若宏名用双引号括起来，在宏替换时不进行替换处理。

（8）宏定义可以嵌套，即在一个宏定义的字符序列中可以含有前面宏定义中的宏名。在宏定义嵌套时，应使用必要的圆括号，否则，有可能得不到所需的结果。

（9）宏替换只是进行简单的字符替换，不作语法检查。

（10）在一个源文件中可以对一个宏名多次定义，新的宏定义出现，就是对同名的前面宏定义的取消。

【例3-6】在宏定义中引用已定义的宏名。

```
#include "stdio.h"
#define NUM 20
#define PRICE 150
#define TOTAL  PRICE*NUM
main( )
{    printf("TOTAL=%d\n",TOTAL);
}
```

程序运行结果为：

TOTAL=3000

2. 带参数的宏定义

带参数宏定义的一般形式为：

#define 宏名（形参表）字符序列

其中，#define是宏定义命令，宏名是一个标识符，形参表是用逗号隔开的一个标识符序列，序列中的每个标识符都称为形式参数，简称形参。如：

#define s(a,b) a>b?a:b   /*s是宏名,a、b是形参，a>b?a:b是宏体*/

在程序中调用带参数宏的一般形式为：

宏名（实参表）

其中，实参表列是用逗号隔开的常量、变量或表达式。

例如：#difine M(x,y) ((x)<(y)?(x):(y))

则语句：c=M(3+8,7+6);

将被替换为语句：c= ((3+8)<(7+6)?(3+8):(7+6));

上述带参数宏定义的替换过程是：按宏定义#define中命令行指定的字符串从左向右依次替换，其中的形参（如x,y）用程序中的相应实参（如3+8,7+6）去替换。若定义的字符串中含有非参数表中的字符，则保留该字符，如本例中的"（"、"）"、"？"和"："这些符号原样照写。

注意：

（1）带参宏定义中，宏名和形参表之间不能有空格出现。

例如把：#define MAX(a,b) (a>b)?a:b

写为：#define MAX (a,b) (a>b)?a:b

将被认为是无参宏定义，宏名MAX代表字符串 (a,b) (a>b)?a:b。宏展开时，宏调用语句：max=MAX(x,y);将变为：max=(a,b)(a>b)?a:b(x,y);这显然是错误的。

（2）有参宏的展开，只是将实参作为字符串，简单地置换形参字符串，而不做任何语法检查，要注意用括号将整个宏和各参数全部括起来，用括号完全是为了保险一些。

若有宏定义 #define S(x) x*x

当语句执行a=S(3+2) 则出现 a=3+2 *3+2 无法得到预期的结果。

（3）若实参是表达式，宏展开之前不求解表达式，宏展开之后进行真正编译时再求解。

3.3.2 文件包含

文件包含是C预处理程序的另一个重要功能。文件包含的一般格式为：

　　#include"文件名"

或

　　#include<文件名>

其中，#include是文件包含命令，文件名是被包含文件的文件名。如：

#include "stdio.h"　　　　　　　　　　　　/*包含标准输入输出头文件*/

#include "math.h"　　　　　　　　　　　　/*包含数学函数头文件*/

#include "string.h"　　　　　　　　　　　/*包含字符串处理函数头文件*/

功能：将指定的文件内容全部包含到当前文件中来，替换#include命令位置。

处理过程：编译预处理时，用被包含文件的内容取代该文件包含命令，编译时，再对"包含"后的文件作为一个源文件进行编译。

两种格式的区别：

#include"文件名"：系统先在当前目录搜索被包含的文件，若没找到，再到系统指定的路径去搜索。

#include <文件名>：系统直接到系统指定的路径去搜索。

被包含文件的类型：通常为以".h"为后缀的头文件（或称"标题文件"）和以".c"为后缀的源程序文件。既可以是系统提供的，也可以是用户自己编写的。

常用的系统提供的头文件有：

stdio.h　　　　标准输入输出头文件

string.h　　　　字符串操作函数头文件

math.h	数学库函数头文件
conio.h	屏幕操作函数头文件
dos.h	DOS接口函数头文件
alloc.h	动态地址分配函数头文件
graphics.h	图形库函数头文件
stdlib.h	常用函数库头文件

使用文件包含的目的是避免程序的重复书写，特别是能够使用系统提供的诸多的可供包含的文件。

若存在文件名为Area.h；文件内容如下：

#define PI 3.1415926535

#define S(r) PI*r*r

【例3-7】文件包含。

```
#include "stdio.h"
#include "Area.h"
main( )
{    float a, area;
     a = 5;
     area = S(a);
     printf("r=%f\narea=%f\n",a,area);
}
```

在预处理时，将Area.h 的内容引入程序中，插入该命令行位置取代该命令行，即执行

#define PI 3.1415926535

#define S(r) PI*r*r

void main()

{....}

此时指定的文件和当前的源程序文件连成一个源文件。

说明：

（1）一个#include命令只能指定一个被包含文件，用文件包含可实现文件的合并连接。

（2）一个#include命令要独占一行。

（3）文件包含可以嵌套，即在一被包含文件中又可以包含另一个文件。

（4）被包含的文件必须存在，并且不能与当前文件有重复的变量、函数及宏名等。

3.3.3 条件编译

一般情况下，源程序中所有的行都参加编译。但是有时希望对其中一部分内容只在满足一定条件才进行编译，也就是对一部分内容指定编译的条件，这就是条件编译。

条件编译命令最常见的形式为：

#ifdef 标识符

程序段1

　　#else

程序段2

```
    #endif
```

它的作用是：当标识符已经被定义过（一般是用#define命令定义），则对程序段1进行编译，否则编译程序段2。

其中#else部分也可以没有，即

```
#ifdef
    程序段1
#endif
```

【例3-8】条件编译。

```
#include "stdio.h"
#define PI 3.1415926
#define V(r) 4.0/3*PI*(r)*(r)*(r)
main( )
{    double r,v,s;
     scanf("%lf",&r);
     #ifdef V
        v=V(r);
        printf("The V=%lf\n",v);
     #else
         s=4*PI*r*r;
         printf("Area=%lf\n",s);
     #endif
}
```

程序中，如果没第2行的宏定义，系统编译求球体表面积的那一段程序，而计算体积的那段程序就不编译。

3.4 程序设计举例

【例3-9】整型、字符型数据在一定范围内可以通用。

```
#include "stdio.h"
main( )
{    int i=65;
     char ch='A';
     printf("i=%d ch=%c\n",i,ch);
     printf("i=%c ch=%d\n",i,ch);
     i='A';
     ch=65;
     printf("i=%d ch=%c\n",i,ch);
     printf("i=%c ch=%d\n",i,ch);
}
```

运行结果：i=65 　　ch=A

　　　　　　i=A 　　 ch=65

【例3-10】八进制、十六进制的使用。

```c
#include "stdio.h"
main()
{    int a=011,b=101;
    printf("%x,%o",++a,b );
}
```

运行结果：a,145

【例3-11】输入及输出函数的使用。

```c
#include "stdio.h"
main()
{    char c1,c2,c3,c4,c5,c6;
    scanf( "%c%c%c%c" ,&c1,&v2,&v3,&c4);
    c5=getchar();c6=getchar();
    putchar(c1);putchar(c2);
    printf("%c%c\n",c5,c6);
}
```

程序运行后，若从键盘输入（从第1列开始）：

123<回车>

45678<回车>

程序分析：对于字符型数据的输入而言，从键盘上输入的字符，不管是否可以打印，都会被读入字符型变量中；因此：c1='1'，c2='2'，c3='3'，c4=<回车>，c5='4'，c6='5'，输出c1，c2，c5，c6结果为1245。

3.5 二级真题解析

一、选择题

（1）有以下程序段：

```c
int j;float y;char name[50];
scanf("%2d%f%s",&,&y,name);
```

当执行上述程序段，从键盘上输入55566 7777abc后，y的值为（ 　 ）。

A. 55566.0 　　　　　B. 566.0 　　　C. 7777.0 　　 D. 566777.0

【答案】B

【解析】本题考查通过scanf函数输入数据时的格式控制问题。变量j的格式控制为"%2d"，即只接收输入数据的前两位，从第三位开始直到空格之间的输入都会被保存到变量y中，y为浮点型数据。

（2）有以下程序：

```
#include "stdio.h"
main( )
{   int a1,a2;char c1,c2;
    scanf("%d%c%c",&a1,&c1,&a2,&c2);
    printf("%d,%c,%d,%c",a1,c1,a2,c2);
}
```

若想通过键盘输入，使得a1的值为12，a2的值为34，c1的值为字符a，c2的值为字符b，程序输出结果是：12,a,34,b。正确输入格式是（以下□代表空格，<CR>代表回车）（　　　　）。

A. 12a34b<CR>　　　　　　　　B. 12□a□34b<CR>

C. 12,a,34,b<CR>　　　　　　　D. 12□a34b<CR>

【答案】A

【解析】当输入整数或实数等数值型数据时，输入的数据之间必须用空格、回车、制表符等间隔符号隔开，间隔符个数不限。但整数和字符之间不用空格隔开，因为空格会被当做一个字符读入。

（3）有以下程序：

```
#include "stdio.h"
main( )
{   char a,b,c,d;
    scanf("%c%c",&a,&b);
    c=getchar();d=getchar();
    printf("%c%c%c%c\n",a,b,c,d);
}
```

当执行程序时，按下列方式输入数据（从第1列开始，<CR>代表回车，注意：回车也是一个字符）：

12<CR>

34<CR>

则输入结果是（　　　　）。

【答案】C

【解析】程序根据用户输入分别给字符变量a、b、c、d赋值为'1'、'2'、'<CR>'、'3'，因此输入到屏幕得到选C项中的格式。

二、填空题

若变量x、y已定义为int类型且x的值为99，y的值为9，请将输出语句printf(_____,x/y);补充完整，使其输出的计算结果形式为：x/y=11。

【答案】"x/y=%d"

【解析】printf语句中，除了格式转换说明外，字符串中的其他字符（包括空格）将按原样输出。

3.6 习题

一、选择题

（1）有以下程序段，程序运行后的输出结果是（　　　）。

```
#include "stdio.h"
main( )
{    int x=011;
     printf("%d",++x);
}
```

A. 12　　　　　　B. 11　　　　　C. 10　　　　　D. 9

（2）有以下程序段，程序运行后的输出结果是（　　　）。

```
#include "stdio.h"
main()
{    int a=1,b=0;
     printf("%d,",b=a+b);
     printf("%d\n",a=2*b);
}
```

A. 0,0　　　　　　B. 1,0　　　　　C. 3,2　　　　　D. 1,2

（3）有以下程序段，程序运行后的输出结果是（　　　）。

```
#include "stdio.h"
main( )
{    char c1,c2;
     c1= 'A' + '8' − '4';
     c2=' A' + '8' − '5';
     printf("%c,%d\n",c1,c2);
}
```

A. E,68　　　　　　B. D,69　　　　　C. E,D　　　　　D. 输出无定值

（4）程序段int x=12;double y=3.141593;printf("%d%8.6f",x,y);的输出结果是（　　　）。

A. 123.141593　　　　　　　　　B. 12 3.141593

C. 12,3.141593　　　　　　　　　D. 123.1415930

（5）若变量已正确定义为int型，要通过语句scanf("%d,%d,%d",&a,&b,&c);给a赋值1、给b赋值2、给c赋值3，以下输入形式中错误的是（□代表一个空格符）。（　　　）

A. □□□1, 2, 3<回车>　　　　　　B. 1□2□3<回车>

C. □□□2,□□□<回车>　　　　D. 1,2,3<回车>

（6）当用户要求输入的字符串中含有空格时，应使用的输入函数是（　　　）。

A. scanf()　　　　B. getchar()　　C. gets()　　　　D. getc()

二、填空题

（1）有以下程序（说明：字符0的ASCII码值为48）：

```
#include "stdio.h"
main( )
{   char c1,c2;
    scanf("%d",&c1);
    c2=c1+9;
    printf("%c%c",c1,c2);
}
```

若程序运行时从键盘输入48<回车>，则输出结果为_____。

（2）以下程序运行后的输出结果是_____。

```
#include "stdio.h"
main( )
{   int a=20,b=014;
    printf("%d%d\n",a,b);
}
```

（3）有以下程序：

```
#include "stdio.h"
main( )
{   int x,y;
    scanf("%2d%1d",&x,&y);
    printf("%d\n",x+y);
}
```

程序运行是输入：1234567，程序的运行结果是_____。

（4）若整型变量a和b中的值分别为7和9，要求按以下格式输出a和b的值：

　a=7

　b=9

请完成输出语句：printf（ "_____" ,a,b);

第4章 分支结构程序设计

在前文介绍了顺序结构程序设计，顺序结构在语序运行中是由前到后顺序执行的，不具有选择的功能。而在处理许多实际问题时，需要根据某个条件选择相应的执行方式或操作步骤，即选择结构。

4.1 关系运算符和关系表达式

4.1.1 关系运算符

【例4-1】编写程序，输入1个整数，输出它的绝对值。

```c
#include "stdio.h"
main( )
{    int number;
     scanf("%d", &number);
     if(number<0)    number = -number;
     printf("%d\n", number);
}
```

程序中，当number < 0时，number = -number；当number >= 0时，还是它本身。程序用到了单分支选择结构。在选择结构的条件判断中用了关系运算符。关系运算实际上是比较运算，将两个值进行比较。

在C语言中，关系运算符均为二目运算符。共有以下6种：

> 大于
< 小于
>= 大于等于
<= 小于等于
!= 不等于
== 等于

关系运算符的优先级低于算术运算符，关系运算符==和! =低于前四种运算符，并且结合方向均为左结合。

4.1.2 关系表达式

由关系运算符将两个表达式连接起来的有意义的式子称为关系表达式，运算对象可以是常量、变量或表达式，关系表达式的值是一个逻辑值，即"真"或"假"（真记为1，假记为0）。如：

5>6	值为0	5*2>=8	值为1
100!=99	值为1	x==y	值取决于x、y两个变量的值

　　算术运算符的优先级高于关系运算符。如求表达式a+b<c+d，先进行a+b和c+d两个算术表达式的运算，得到两个值后再进行比较，从而求出关系表达式的值。

　　关系表达式的值是一个逻辑值，即"真"或"假"，其值为0或1。

> **注意:**
> 　　在C语言中，常用1表示"真"，用0表示"假"。

4.2　逻辑运算符和逻辑表达式

4.2.1　逻辑运算符

　　【例4-2】输入一个年份，判断是否是闰年。若year是闰年，则满足year能被4整除，但不能被100整除，或year能被400整除。问题的逻辑表达式为：

　　(year%4==0&& year%100!=0)||(year%400==0)

　　在上面的运算中用到了逻辑运算符&&和||。

　　C语言提供了以下3种逻辑运算符：

　　&&　　　　逻辑与运算符

　　||　　　　逻辑或运算符

　　!　　　　　逻辑非运算符

　　其中，"&&"和"||"为二目运算符，为右结合；"！"为单目运算符，仅对其右边的对象进行逻辑求反运算。逻辑运算的对象为0或非0的整数值，其运算规则见表4-1。

表4-1　逻辑运算规则

数据A	数据B	A&&B	A||B	!A	!B
T	T	T	T	F	F
T	F	F	T	F	T
F	T	F	T	T	F
F	F	F	F	T	T

> **注意:**
> 　　在C语言的逻辑运算中，非0认为是真，0认为是假；但是在记运算的结果时，真记为1，假记为0。

4.2.2　逻辑表达式

　　由逻辑运算符和其操作对象组成的表达式称为逻辑表达式。数学表达式a>b>c用C语言来描述就是a>b&&b>c。除了！运算符外，逻辑运算符的级别比关系运算符低。运算符的级别由高到低是：

　　！（非）→算术运算→关系运算→逻辑运算（&&、||）→赋值运算

【例4-3】逻辑运算举例。

```
#include "stdio.h"
main( )
{      int a=1,b=2,c=3,d=4,m=1,n=1;
    (m=a>b)&&(n=c>d);
    printf("m=%d n=%d\n",m,n);
}
```

程序运行结果如下：

m=0 n=1

由于a>b的值为0，使m=0，而n=c>d没有被执行，因此n的值不是0，仍保持原值1。

又如a&&b&&c，该表达式只有a的值为真时才判断b的值，只有a&&b的值为真时才判断c的值。若a的值为假，整个表达式的值肯定为假，就不再往下判断b和c；若a的值为真，b的值为假，整个表达式的值肯定为假，就不再往下判断c。

4.3 语句和复合语句

在C语言中，一个表达式的后面跟随一个分号就构成了语句。也称表达式语句。如：

x=x+a;

分号"；"是语句的结束标志。

除了表达式语句外，C语言还有复合语句、流程控制语句、函数返回语句及空语句等。复合语句是由左右花括号括起来的语句，其一般形式为：

{   语句1；
    语句2；
}

一个复合语句在语法上等同于一个语句，在程序中凡是单个语句能够出现的地方，都可以出现复合语句。一个复合语句又可以出现在其他复合语句内部。

4.4 分支结构

4.4.1 双分支结构和基本的if语句

双分支结构的形式主要有两种，如图4-1所示，使用基本的 if 语句实现。

图4-1（a）用if-else语句实现，该语句的一般形式为：

if（表达式）

    语句1；

else

    语句2；

执行过程：先计算if后面的表达式，若值为真（非0），则执行语句1；否则，执行语句2。语句1和语句2总要执行一个，但不会同时都被执行。

图4-1（b）用省略else的if语句实现，该语句的一般形式为：

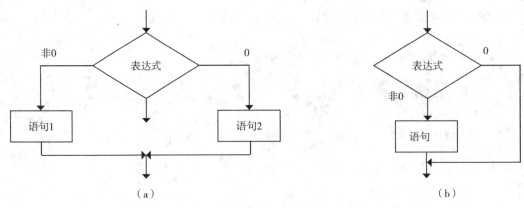

图4-1　双分支结构

if（表达式）
　　语句1；

执行过程：先计算if后面的表达式，若值为真（非0），则执行语句1；否则，什么也不做。

这里的语句1和语句2也称为内嵌语句，只允许是一条语句，若需要多条，应该用大括弧括起来组成复合语句。

【例4-4】输入两个整型数，将值较大者输出。

```c
#include "stdio.h"
main( )
{    int a,b,max;
     scanf("%d,%d",&a,&b);
     if(a>b)
     max=a;
     else
     max=b;
     printf("%5d\n",max);
}
```

【例4-5】输入2个数，按值由小到大的顺序输出。

```c
#include "stdio.h"
main( )
{    int a,b,t;
     scanf("%d,%d ",&a,&b);
     if (a>b)
{    t=a;a=b;b=t;    }
     printf("%d,%d ",a,b);
}
```

例题中用到了省略else的单分支if语句，if中内嵌的是复合语句。

4.4.2 多分支结构与嵌套的if语句

【例4-6】输入一批10个学生的百分制成绩，统计各个分数段的学生的人数。

```
#include "stdio.h"
main ( )
{    int score,a,b,c,d,e,i;              /*定义整型变量score记录分数*/
     a=b=c=d=e=0;                        /*置存放统计结果的5个变量初值为0*/
     for(i=1;i<=10;i++)                  /*循环执行了10次*/
     {   scanf("%d",&score);             /*输入一分数*/
         if (score<60)        e++;       /*如果成绩小于60，则累加e*/
         else if(score<70)    d++;       /*如果成绩在60~69，则累加d*/
         else if(score<80)    c++;       /*如果成绩在70~79，则累加c*/
         else if(score<90)    b++;       /*如果成绩在80~89，则累加b*/
         else                 a++;       /*如果成绩大于等于90，则累加a*/
     }
     printf("%d,%d,%d,%d,%d",a,b,c,d,e);
}
```

本例题中，for循环执行了10次，每次输入一个整数，根据整数的范围，选择执行相应的累加运算。

循环体体内是一个多分支结构，使用else-if语句实现。该语句的一般形式为：

if（表达式1）语句1；

else   if（表达式2）语句2；

else   if（表达式3）语句3；

    ……

else   if（表达式n）语句n；

else   语句n+1；

执行过程：先计算表达式1，若表达式1的值为真（非0），执行语句1，否则，计算表达式2。若表达式2的值为真（非0）， 执行语句2，以此类推。若n个表达式的值都为假（0），则执行语句n+1。

由执行过程可知，n+1个语句只有一个被执行，若n个表达式的值都为假，则执行语句n+1。

【例4-7】已知一分段函数。

$$y= \begin{cases} -1 & (x<0) \\ 0 & (x=0) \\ 1 & (x>0) \end{cases}$$

编写程序，输入x，输出y值。

```
#include "stdio.h"
main( )
{    int x,y;
     scanf("%d",&x);
     if(x>=0)
          if(x>0)    y=1;
          else        y=0;
          else        y=-1;
          printf("y=%d\n",y);
}
```

上例题中使用了嵌套的if语句解决多分支选择结构问；即在一个if语句中又可以包含一个或多个if语句，嵌套的if一般形式为：

if（表达式1）

    if(表达式2)   语句1;

    else   语句2;

else

    if(表达式3)   语句3;

    else   语句4;

注意：

在缺省花括号的情况下，if和else的配对关系是：从最内层开始，else总是与它上面最近的并且没有和其他else配对的if配对。

例题4-7程序的选择结构还有其他的求解，如：

（1）if(x>0)

    else

        if(x==0)   y=0;

        else   y=-1;

（2）y=0   /*本程序是错误的*/

    if(x>=0)

        if(x>0)   y=1;   /*else和if的配对出错*/

    else   y=-1;

使用if 语句时应注意以下几点：

（1）if后面圆括号内的表达式可以为任意类型，但一般为关系表达式或逻辑表达式。

（2）if和else后面的语句可以是任意语句。

（3）if(x)与if(x!=0)等价。

（4）if(!x)与if(x= =0)等价。

4.4.3 switch语句

【例4-8】在成绩处理中，经常需要将百分制的成绩转换成对应的五分制成绩。百分制和五分制成绩的转换规则如下：90~100为A，80~89为B，70~79为C，60~69为D，0~59为E。编写程序，输入一个百分制的成绩，输出对应的五分制成绩。

```
#include "stdio.h"
main ( )
{    int score;                          /*定义整型变量score记百分制成绩*/
     char g;                             /*定义字符型变量g记五分制成绩*/
     scanf("%d",&score);
     switch (score/10)
  {       case 10:
          case 9: g='A';break;
          case 8: g='B'; break;
          case 7: g='C'; break;
          case 6: g='D'; break;
          default : g='E'; break;
  }
          printf("%c",g);
}
```

虽然用if语句可以解决多分支问题，但如果分支较多，嵌套的层次就多，会使程序冗长，可读性降低。C语言提供了专门用于处理多分支情况的语句——switch语句，使用该语句编写程序可使程序的结构更加清晰，增强可读性。switch语句的一般形式为：
switch (表达式)
{   case 常量表达式1：语句1; [break；]
case 常量表达式2：语句2; [break；]
     ……
case 常量表达式n：语句n; [break；]
default ：语句n+1; [break；]
}
说明：
（1）各case后面常量表达式的值必须为整型、字符型或枚举型。
（2）各case后面常量表达式的值必须互不相同。
（3）case后面的语句可以是任何语句，也可以为空，但default的后面不能为空。若为复合语句，则花括号可以省略。
（4）若某个case后面的常量表达式的值与switch后面圆括号内表达式的值相等，就执行该case后面的语句，执行完后若没有遇到break语句，不再进行判断，接着执行下一个case后面的语句。若想执行完某一语句后退出，必须在语句最后加上break语句。
（5）多个case可以共用一组语句。

（6）switch~case语句可以嵌套，即一个switch~case语句中又含有switch~case语句。

注意：
　　case后面的语句中有break和没有break，在执行时，值不同的。

【例4-9】查询自动售货机中商品的价格。假设自动售货机出售4种商品：薯片、巧克力、可乐和矿泉水，售价分别是每份3.0元、4.0元、2.5元和1.5元。在屏幕上显示如下：

1—薯片
2—巧克力
3—可乐
4—矿泉水
0—退出

用户可以连续地查询商品的价格，当查询次数超过5次时，自动退出查询；不到5次，用户可以选择退出。当用户输入编号1~4时，显示相应商品的价格；输入0退出查询，输入其他编号，显示价格为0。

```
#include "stdio.h"
main( )
{    int x,i;
     float p;
     for(i=1;i<=5;i++)
{      printf("\n 1-----薯片");
       printf("\n 2-----巧克力");
       printf("\n 3-----可乐");
       printf("\n 4-----矿泉水");
       printf("\n 0-----退出");
       printf("\n 请选择商品：");
       scanf("%d",&x);
       if(x==0)    break;
       switch (x)
{          case 1: p=3.0;break;
           case 2: p=4.0;break;
           case 3: p=2.5;break;
           case 4: p=1.5;break;
           default: p=0;break;
    }
     printf（"商品的价格是:%.1f",p);
  }
}
```

从语法上看，任何一个switch语句表示的多分支结构都可以用else if形式来替代，但是，并不是所有的用else if形式表示的程序段都能用switch语句来替代。switch语句对条件的写法要求更苛刻。紧跟着switch后面的表达式的数据类型应为整型或字符型，它与case后面的常量表达式的数据类型必须一致，并且常量表达式中不能包含变量。实际上，switch语句的重点就在于如何设计switch后面的表达式，并让它的值正好能够匹配n个常量表达式的值。

4.4.4 条件运算符

C语言中提供的唯一的三目运算符就是条件运算符"？："，它的运算对象有3个。条件运算符的语法格式是：

表达式1？表达式2：表达式3

条件表达式的计算方法是：首先计算表达式1的值；若表达式1为真，整个条件表达式的值取表达式2的值；若表达式1为假，整个表达式的值取表达式3的值。

例如：

c=a>b?a:b;   /*将a和b两个数中较大的数存入c中*/

它与下面的if语句是等价的：

if (a>b)   c=a;

else   c=b;

将条件运算符用于程序中，会使程序看起来更简单、清晰。条件运算符的结合方向为右结合。如：

10<9?1:6>7?2:3等价于10<9?1:(6>7?2:3)   /*表达式的值为3*/

【例4-10】用条件运算符求3个整数中的最大数。

```
#include "stdio.h"
main( )
{    int a,b,c,t;                          /*定义变量*/
     scanf("%d,%d,%d",&a,&b,&c);           /*接收用户输入三个整数*/
     t=(a>b?a:b)>c?(a>b?a:b):c
     printf("Max is %d\n",t);              /*输出最大的数*/
}
```

条件运算符优先级低于逻辑运算符，高于赋值和逗号运算符。

4.5 程序设计举例

【例4-11】输入3个数，按由小到大的顺序输出。

```
#include "stdio.h"
main( )
{    int a,b,c,t;
     scanf("%d,%d,%d",&a,&b,&c);
     if (a>b)         {      t=a;a=b;b=t;}
     if(a>c) {        t=a;a=c;c=t;}
```

```
   if(b>c){          t=b;b=c;c=t;}
   printf("%d<%d<%d",a,b,c);
}
```

程序运行结果如下：

<u>10，3，6</u>✓

3<6<10

【例4-12】输入1个整数，判断该数是奇数还是偶数。

```
#include "stdio.h"
main( )
{    int a;
     scanf("%d", &a);
     if(a% 2 == 0)
         printf("Tne a is even. \n");
     else
         printf("Tne a is odd. \n");
}
```

【例4-13】计算分段函数的值。

$$y=f(x) = \begin{cases} 0 & x < 0 \\ \dfrac{4x}{3} & 0 \leqslant x \leqslant 15 \\ 2.5 & x > 0 \end{cases}$$

```
#include "stdio.h"
main( )
{    float x, y;
     scanf("%f", &x);
     if (x < 0)
         y = 0;
     else if (x <= 15)
         y = 4 * x / 3;
     else
         y = 2.5 * x - 10.5;
     printf("f(%.2f) = %.2f\n", x, y);
}
```

【例4-14】输入一个年份，判断该年份是否是闰年。

```
#include "stdio.h"
main( )
{    int year,leap;
     scanf("%d",&year);
     if (year%4==0)
   {    if (year%100==0)
   {    if (year%400==0)
        leap=1;
     else
        leap=0;
   }
     else
        leap=1;
   }
   else
      leap=0;
   if(leap)
        printf("%d is",year);
   else
        printf("%d is not",year);
   printf(" a leap year.\n");
   }
```

【例4-15】输入一个形式如"操作数 运算符 操作数"的四则运算表达式，输出运算结果。

输入：3.1+4.8

输出：7.9

```
#include "stdio.h"
main( )
{    char operator;
   float value1, value2;
   scanf("%f%c%f", &value1, &operator, &value2);
   switch(operator)
{    case '+':
     printf("=%.2f\n", value1+value2);    break;
   case '-':
     printf("=%.2f\n", value1-value2);    break;
   case '*':
     printf("=%.2f\n", value1*value2);    break;
```

```
    case '/':
        printf("=%.2f\n", value1/value2);    break;
    default:
        printf("Unknown operator\n"); break;
    }
}
```

4.6 二级真题解析

一、选择题

（1）若有表达式（w）？（--x）:(++y)，则其中与w等价的表达式是（   ）。

A. w==1   B. w==0   C. w!=1   D. w!=0

【答案】 D

【解析】条件运算组成条件表达式的一般形式为：表达式1？表达式2：表达式3。其求值规则为：如果表达式1的值为真，则表达式2作为条件表达式的值，否则，以表达式3的值作为条件表达式的值。本题中需要获得表达式w的逻辑值，即w是否为0。

（2）已知字母A的ASCII码值为65，若变量kk为char型，以下不能正确判断出kk中的值为大写字母的表达式是（   ）。

A. kk>='A'&&kk<='Z'   B. !(kk>='A'||kk<='Z')

C. (kk+32)>='a'&&(kk+32)<='Z' D. isalpha(kk)&&(kk<9)

【答案】 B

【解析】C语言的字符以其ASCII码的形式存在，所以要确定某个字符是大写字母，只要确定它的ASCII码在"A"和"Z"之间就可以了。选项A和C符合此要求。在选项D中，函数isalpha 用来确定一个字符是否为大写字母，大写字母的ASCII码值的范围为65~90，所以如果一个字母的ASCII码值小于91，那么就能确定它是大写字母。

（3）有如下嵌套的if语句：

```
if(a<b)
if(a<c)k=a;
else k=c;
else
if(b<c)k=b;
else k=c;
```

以下选项中与上述if语句等价的语句是（   ）。

A. k=(a<b)?a:b;k=(b<c)?b:c;

B. k=(a<b)?((b<c)?a:b)((b>c)?b:c);

C. k=(a<b)?((a<c)?a:c)：（(b<c)?b:c);

D. k=(a<b)?a:b;k=(a<c)?a:c;

【答案】D

【解析】嵌套的if语句功能是将k赋值为a、b、c中的最小值，选项A中没有比较a、c的大小，选项B中语句"((b<c)?a:b)((b)>c)?b:c)"错误，选项D中没有比较b、c的大小。

（4）若变量已正确定义，在if（W）printf（"%d\n",k);中，以下不可替代W的是（　　）。

A. a<>b+c　　　　B. ch=getchar()　　　　C. a==b+c　　　　D. a++

【答案】A

【解析】在C语言中，表示不等于只能用"！="。其他选项满足题目要求。

（5）if语句的基本形式是：if（表达式）语句，以下关于"表达式"值的叙述中，正确的是（　　）。

A. 必须是逻辑值　　　　　　　　B. 必须是整数值

C. 必须是正数　　　　　　　　　D. 可以是任意合法的数值

【答案】D

【解析】在if语句中，表达式可以是任意合法的数值。当其值为非零时，执行if语句；为零时，执行else语句。

二、填空题

（1）以下程序的功能是：输出a、b、c三个变量中的最小值。请填空。

```
#include "stdio.h"
main( )
{int a,b,c,t1,t2;
    scanf( "%d%d%d",&a,&b,&c);
    t1=a<b?_____;
    t2=c<t1?_____;
    printf( "%d\n",t2);
}
```

【答案】a:b　　c:t1

【解析】本题考查的是条件表达式问题。先判断a是否小于b，若小于则 t1=a，否则t1=b，这样t1就是b和a中较小的值，同理再比较t1同c的大小，小的存入t2中，t2就是三者中的最小值。

（2）在C语言中，当表达式值为0时，表示逻辑值"假"，当表达式值为_____时，表示逻辑值为"真"。

【答案】非0

【解析】在C语言中，所有非0的数（并不只是"1"），到代表逻辑值"真"。

（3）以下程序运行后的输出结果是_____。

```
#include "stdio.h"
main()
{ int x=10,y=20,t=0;
```

```
if(x==y)t=x;x=y;y=t;
printf("%d%d",x,y);
}
```

【答案】 20　0

【解析】在程序中，if(x==y)t=x; x=y; y=t; 是三条独立的语句，因为x，y的值不相等，所以if语句不执行，而执行x=y;y=t;这两条赋值语句，所以变量x的值为20，y的值为0。

4.7 习题

一、选择题

（1）表达式10! = 9;的值为（　　　）。

A. true　　　　　　B. 非零值　　　　　　C. 0　　　　　　D. 1

（2）当a=3,b=2,c=1时，表达式f=a>b>c;的值是（　　　）。

A. 1　　　　　　B. 0　　　　　　C. true　　　　　　D. false

（3）若已知a=10,b=20，则表达式! a<b的值是（　　　）。

A. 0　　　　　　B. 1　　　　　　C. 真　　　　　　D. 假

（4）判断变量 ch 中的字符是否为大写字母，最简单的正确表达式是（　　　）。

A. ch>='A'&&ch<='z'　　　　　　　　B. A<=ch<=Z

C. 'A'<=ch<='z'　　　　　　　　　　D. ch>=A && ch<= z

（5）main()
```
{ int x=1,a=0,b=0;
  switch (x)
  {case  0: b++;
  case  1: a++;
  case  2: a++;b++;
  }
  printf("a=%d,b=%d",a,b);
}
```

该程序的输出结果是（　　　）。

A. a=1,b=1　　　　B. a=1,b=0　　　　C. a=2,b=2　　D. a=2,b=1

（6）设有定义：int a=1,b=2,c=3;,以下语句中执行效果与其他三个不同的是（　　　）。

A. if(a>b)　 c=a,a=b,b=c;　　　　　　B. if(a>b){c=a,a=b,b=c;}

C. if(a>b)　 c=a;a=b;b=c;　　　　　　D. if(a>b){c=a;a=b;b=c;}

（7）执行以下程序段后，w的值为（　　　）。

int w='A',x=14,y=15;

W=((x||y)&&(w<'a'));

A. −1　　　　　B. NULL　　　　C. 1　　　　D. 0

（8）有以下程序段：

int a,b,c;

a=10;b=50;c=30;

if(a>b)a=b,b=c,c=a;

printf("a=%d b=%d c=%d\n",a,b,c);

程序的输出结果是（　　　）。

A. a=10 b=50 c=10　　　　　　　　B. a=10 b=50 c=30

C. a=10 b=30 c=10　　　　　　　　D. a=50 b=30 c=50

（9）有以下程序段：

main( )

{ int x=1,y=2,z=3;

　if(x>y)

　if(y>z) printf("%d",++z);

　else printf("%d",++y);

　printf("%d\n",x++);

}

程序运行的结果是（　　　）。

A. 331　　　　　B. 41　　　　　C. 2　　　　D. 1

二、程序分析题

（1）以下程序的输出结果是（　　　）。

main( )

{ int x=3,y=0,z=0;

　if(x=y+z)

　　printf("* * * *");

　else

　　printf("# # # #");

}

（2）两次运行下面的程序，如果从键盘上分别输入6和4，则输出结果是（　　　）。

main( )

{ int x;

　scanf("%d",&x);

　if(x + + >5) printf("%d",x);

　else　printf("%d\n",x − −);

}

（3）执行下面程序段后，i的值是（　　　　）。

```
int i=10;
switch(i)
{ case 9: i+=1;
  case 10: i--;
  case 11: i*=3;
  case 12: ++i;
}
```

（4）以下程序的输出结果是（　　　）。

```
main( )
{ int a=2,b=-1,c=2;
  if(a<b)
      if(b<0) c=0;
      else c++;
  printf("%d\n",c);
}
```

（5）以下程序的输出结果是（　　　）。

```
main( )
{ int x=1,a=0,b=0;
  switch(x)
  { case 0: b++;
    case 1: a++;
    case 2: a++;b++;}
    printf("a=%d,b=%d\n",a,b);
}
```

三、程序设计题

（1）输入三个单精度数，输出其中最小值。

（2）输入三角形的三边长，输出三角形的面积。

（3）用if—else结构编写一程序，求一元二次方程$ax^2+bx+c=0$的根。

（4）用switch—case结构编写一程序，输入月份1~12后，输出该月的英文名称。

（5）假设某高速公路的一个节点处收费站的收费标准为：小型车15元/车次，中型车35元/车次，大型车50元/车次，重型车70元/车次。编写程序，首先在屏幕上显示一个表如下：1—小型车

2—中型车

3—大型车

4—重型车

然后请用户选择车型，根据用户的选择输出应交的费用。

第5章　循环结构程序设计

计算机的优势就在于它可以不厌其烦地重复工作，而且还不出错（只要程序编写正确）。其实，表示循环结构语句的语法并不难掌握，关键是如何使用循环程序设计的思想去解决实际问题。

5.1 循环结构

首先，我们提出两个实际问题，要大家解决：

第一个问题是：在屏幕上输出整数1~20，每两个整数中间空一个格。

第二个问题是：计算1+2+3+…+n。n由用户指定（在程序运行是输入）。

也许，有的读者会这样来解决第一个问题：

```
main( )
{   printf( "1 2 3 4 5 6 7 8 9 10 11 12 13 14 15 16 17 18 19 20\n" );
}
```

毫无疑问，这个程序的语法是对的，它能够顺利地通过编译，也能够完成题目的要求，但是，这绝对不是一个好的程序，因为程序设计者没有掌握程序设计思想。如果题目是要求输出1~2000，那又如何呢？对循环程序设计来说，首先要掌握的是思想，而不是语法，只要是重复的工作，就要想办法用循环语句实现。这个问题的解决思路应该是：从输出1开始，每次输出一个比前一次大1的整数，重复20次。哪怕是只重复10次，或者5次，都是"重复"。重复就要用循环结构。

循环语句有三种：while 、do while 、for 。用goto语句和if语句也能构成循环。

5.2 while语句

while语句的一般形式为：

while（表达式）

循环体

其中，表达式可以是任意类型，一般为关系表达式或逻辑表达式，其值为循环条件。循环体可以是任何语句。

while语句的执行过程为：

（1）计算while后面圆括号中表达式的值，若其结果为非0，转2；否则转3。

（2）执行循环体，转1。

（3）退出循环，执行循环体下面的语句。

其流程图如图5-1所示。

while语句的特点：先判断表达式，后执行循环体。

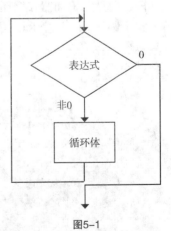

图5-1

解决第一个问题关键是使用循环变量i，从1~20，循环刚好进行20次。i 的初值是1，当i 小于等于20时，循环做两件事，输出i和增1。由于每次循环都使i增1，因此i 的值会越来越大，当i的值增加到21时，循环条件i〈=20 不成立，循环结束。在这个循环当中，重复的次数是用存储单元i 记录的，称这个存储单元为循环计数器，在循环结构中又称循环变量。

【例5-1】 用while 语句解决"在屏幕上输出1~20"的问题。

```
#include "stdio.h"
main( )
{    int i;                   /*定义变量i*/
     i=1;                     /*设i的初值为1*/
     while (i<=20)            /*i小于等于20时，进行循环*/
{    printf("%d ",i);         /*输出当前i的值*/
     i++;                     /*i 的内容增1*/
}
     printf("\n");
}
```

第二个问题解决则必须使用循环结构，不可能使用顺序结构，因为在程序执行之前，并不知道n是多少，所以不能写出类似于这样的程序：

```
main( )
{   printf("%d\n",  1+2+3+…+n);
}
```

这个程序设计者也没有掌握循环程序设计的思想，并且该程序并不能解决1+2+3+…+n 的问题。因为不知道n 的具体值（是由用户输入的），如何将其罗列出来呢？

解决这个问题的基本思路是：使用一个初值为0的存储单元（这个存储单元叫做累加器），从加1开始，每次加一个比前一次大1的整数，重复n次。

循环体的工作包括：将i的值累加到sum（累加器）中，并将循环变量i的值增1。在循环前，要赋给累加器和循环变量正确的初值。

【例5-2】 用while语句解决"1+2+3+…+n"的问题。

```
#include "stdio.h"
main( )
{    int i,sum,n;                /*定义变量*/
     i=1; sum=0;                 /*赋初值*/
     scanf("%d",&n);            /*接受用户输入一个整数*/
     while (i<=n)                /*当i小于等于n时，进行循环*/
{    sum=sum+i;                  /*累加*/
     i++;                        /*i的内容增1*/
}
     printf("sum=%d\n",sum);     /*输出结果*/
}
```

说明：

（1）由于while语句是先判断表达式，后执行循环体，所以循环体有可能一次也不执行。

（2）循环体可以是任何语句。如果循环体不是空语句，不能在while后面的圆括号后加分号（；）。

（3）在循环体中要有使循环趋于结束的语句。

5.3 do-while语句

do~while语句的一般形式为：

do

循环体while（表达式）；

其中，表达式可以是任意类型，一般为关系表达式或逻辑表达式，其值为循环条件。循环体可以是任意语句。

do~while语句的执行过程为：

（1）执行循环体，转2。

（2）计算while后面圆括号中表达式的值，若其结果为非0，转1；否则转3。

（3）退出循环，执行循环体下面的语句。

其流程图见图5-2。

do~while语句的特点：先执行循环体，后判断表达式。

说明：

（1）do~while语句最后的分号（；)不可少，否则将出现语法错误。

（2）循环体中要有使循环趋于结束的语句。

（3）由于do~while语句是先执行循环体，后判断表达式，所以循环体至少执行一次。

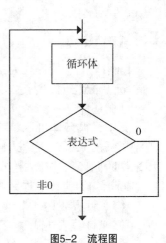

图5-2 流程图

【例5-3】用while语句解决"1+2+3+…+n"的问题。

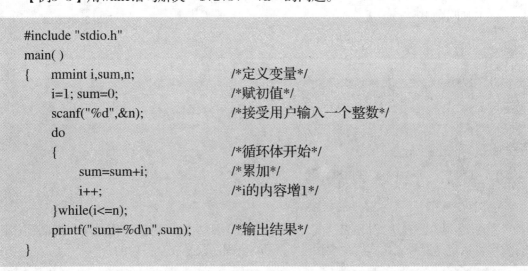

```c
#include "stdio.h"
main( )
{    mmint i,sum,n;                /*定义变量*/
     i=1; sum=0;                   /*赋初值*/
     scanf("%d",&n);               /*接受用户输入一个整数*/
     do
     {                             /*循环体开始*/
         sum=sum+i;                /*累加*/
         i++;                      /*i的内容增1*/
     }while(i<=n);
     printf("sum=%d\n",sum);       /*输出结果*/
}
```

运行情况一：
Please inupt a integer: <u>10</u> ↓
55
运行情况二：
Please input a integer: <u>0</u> ↓
1

从运行情况看，当用户输入为55时，程序的运行结果是正确的；当用户的输入为0时，程序的运行结果是错误的！而使用while语句编写程序是，输入0是不会出错的。为什么呢？这是因为do while语句是先执行循环体，再判断循环表达式。所以，不论n的值是0还是其他的数值，循环体必然被执行一遍。请读者自己修改程序。

5.4 for语句

for语句的一般形式为：

for（表达式1；表达式2；表达式3）
　循环体

其中，循环体可以是任意语句。三个表达式可以是任意类型，一般来说，表达式1用于给某些变量赋初值，表达式2用来说明循环条件，表达式3用来修正某些变量的值。

for语句的执行过程为：

（1）计算表达式1，转2。

（2）计算表达式2，若其值为非0，转3；否则转5。

（3）执行循环体，转4。

（4）计算表达式3，转2。

（5）退出循环，执行循环体下面的语句。

其流程图见图5-3。

for语句的特点：先判断表达式，后执行循环体。

【例5-4】用for语句解决"1+2+3+…+n"的问题。

/* 求和问题 */

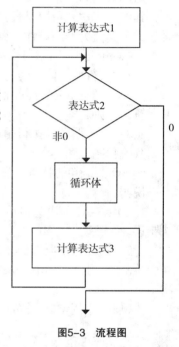

图5-3　流程图

```
#include "stdio.h"
main( )
{   int i,sum,n;              /*定义变量*/
    scanf("%d",&n);          /*接受用户输入一个整数*/
    for(i=1,sum=0;i<=n;i++)  /*循环*/
        sum=sum+i;           /*累加*/
    printf("sum=%d\n",sum);  /*输出结果*/
}
```

在for语句中，表达式1和表达式3经常使用逗号表达式，用于简化程序，提高程序运行效率，这也是逗号表达式的主要用途。下面3个程序段是完全等价的：

for(j=sum=0;j<5;j++)
 	
　　sum=sum+j;
	j=sum=0;
	for(; j<5;j++)
	
	　　　sum=sum+j;
		j=sum=0;
		for(; j<5;)
		{ 　sum=sum+j;
		
		　　j++;
		
		}

在for语句中，在分号（；）必须保留的前提条件下，3个表达式的任何一个都可以省略。

5.5 循环语句的嵌套

循环嵌套，一种循环语句的循环体中又有循环语句，称为循环语句嵌套。三种循环语句可以互相嵌套，并且可以嵌套多层。

【例5-5】输出如下九九乘法表。

```
1*1=1
1*2=2    2*2=4
1*3=3    2*3=6    3*3=9
1*4=4    2*4=8    3*4=12    4*4=16
1*5=5    2*5=10   3*5=15    4*5=20    5*5=25
1*6=6    2*6=12   3*6=18    4*6=24    5*6=30    6*6=36
1*7=7    2*7=14   3*7=21    4*7=28    5*7=35    6*7=42    7*7=49
1*8=8    2*8=16   3*8=24    4*8=32    5*8=40    6*8=48    7*8=56    8*8=64
1*9=9    2*9=18   3*9=27    4*9=36    5*9=45    6*9=54    7*9=63    8*9=72    9*9=81
#include "stdio.h"
main( )
{    int i,j;
   for(i=1;i<=9;i++)
   {    for(j=1;j<=i;j++)
      printf("%d*%d=%-4d",j,i,i*j);
      printf("\n");
   }
}
```

5.6 break语句和continue语句

1. break语句

break语句的一般形式为：

break；

break语句的功能：用于switch语句时，退出switch语句，程序转至switch语句下面的语句；用于循环语句时，退出包含它的循环体，程序转至循环体下面的语句。

【例5-6】判断输入的正整数是否为素数，如果是素数，输出Yes，否则输出No。

#include "stdio.h"

```
main( )
{    int m,i;
   scanf("%d",&m);
   for(i=2;i<=m-1;i++)
      if(m%i==0)
      break;
   if(i>=m) printf("Yes");
   else printf("No");
}
```

注意：
（1）break语句不能用语循环语句和switch语句之外的任何其他语句。
（2）在多重循环的情况下，使用break语句时，仅仅退出包含break的那层循环体，即break语句不能使程序控制推出一层以上的循环。

2. continue语句

continue语句的一般形式为：

continue；

continue语句的功能：结束本次循环，跳过循环体中尚未执行的部分，进行下一次是否执行循环的判断。在while语句和do~while语句中，continue把程序控制转到while后面的表达式处，在for语句中，continue把程序控制转到表达式3处。

【例5-7】 输出100~200中不能被7整除的数。

```
#include "stdio.h"
main( )
{    int n;
   for(n=100;n<=200;n++)
   {    if (n%7==0)
      continue;
   printf("%d\n",n); ;
   }
}
```

5.7 程序设计举例

【例5-8】输入3个数，按由小到大的顺序输出。

```
#include "stdio.h"
main( )
{    int a,b,c,t;
   scanf("%d,%d,%d",&a,&b,&c);
   if (a>b)
      {t=a;a=b;b=t;}
```

```
    if(a>c)
    {    t=a;a=c;c=t;}
    if(b>c)
    {    t=b;b=c;c=t;}
    printf("%d<%d<%d",a,b,c);
}
```

程序运行结果如下：

<u>10，3，6</u>↓

3<6<10

需要注意的是：两个变量内容互换时，应该引入一个中间变量t，协助完成两变量值的互换。

【例5-9】用下列公式计算 π 的值。

$$\pi = 4 * \left(\frac{1}{1} - \frac{1}{3} + \frac{1}{5} - \frac{1}{7} \cdots \pm \frac{1}{n} \right) \qquad (\text{精度要求为} \frac{1}{n} < 10^{-4})$$

```
#include "stdio.h"
#include "math.h"                          /*程序中用到求绝对值函数fabs() */
main( )
{    int n=1,t=1;
    float pi=0;
    while(fabs(t*1.0/n)>=1e-4)              /*控制循环的条件是当前项的精度*/
    {       pi+=t*1.0/n;                         /*将当前项累加到pi中*/
        t=-t;                               /*得到下一项的符号*/
        n+=2;                               /*得到下一项的分母*/
    }
        printf("pi=%.2f\n",4*pi);
}
```

程序运行结果如下：

pi=3.14

注意：

求实型数据的绝对值用fabs()函数，求整型数据的绝对值用abs()函数。

【例5-10】 从屏幕输入某一正整数，判断其是否为素数。

```
#include "stdio.h"
main( )
{    int m,i,n=0;
    scanf("%d",&m);
    for(i=2;i<=m-1;i++)
      if(m%i==0)
        break;                    /*如果2到（m-1）之间有整除m的数，则退出循环 */
    if(i>=m)
```

```
      printf("yes! ");
  else
      printf("no! ");
 }
```

【例5-11】请列出所有的个位数是6，且能被3整除的两位数。

```
#include "stdio.h"
main( )
{    int i;
    for(i=10;i<=99;i++)                /*i在10—99之间，步长为1*/
    if(i%10==6&&i%3==0)                /*如果i的个位数是6，且i能被3整除*/
    printf("%3d",i);
}
```

程序运行结果如下：

36 66 96

两位的十进制数是10~99，从这些数中找出个位数是6，且能被3整除的数，就是对10~99之间的每个数都要进行判断，一个也不能少，这属于穷举类型题。

【例5-12】求出Fibonacci数列的前20项。该数列源自于一个有趣的问题：一对兔子，一个月后长成中兔，第三个月长成大兔，长成大兔以后每个月生一对小兔。第20个月有多少对兔子？

Fibonacci数列可以用数学上的递推公式来表示：

$F_1=1$

$F_2=1$

$F_n=F_{n-1}+F_{n-2}$ （n≥3）

```
#include "stdio.h"
main( )
{    int a,b,j,f1,f2;
    f1=1;f2=1;
    printf("\n%10d%10d",f1,f2);        /*输出序列的前两个值*/
    for(j=2;j<=10;j++)                 /*从3 到20循环*/
    {    f1=f1+f2;                      /*求最新的数列值覆盖f1 */
         f2=f2+f1;                      /*求第二新的数列值覆盖f2 */
    printf("%10d%10d",f1,f2);          /*输出f1和f2*/
    if(j%2==0)
    printf("\n");                      /*每输出4个数字换行*/
    }
}
```

程序运行结果如下：

1	1	2	3
5	8	13	21
34	55	89	144
233	377	610	987
1597	2584	4181	6765

使用f1和f2两个变量，f1和f2的初值均为1，在循环中，不断用f1+f2覆盖新的 f1,不断用刚刚更新的f1加上原来的f2覆盖新的f2。那么，新的f1是每次循环求出的新的Fibonacci数列的第一个数；新的f2是每次循环求出的新的数列的第二个数。循环一次求出两个数。

5.8 二级真题解析

选择题

（1）若变量已正确定义，有以下程序段：

```
i=0;
do printf("%d,",i);while(i++);
printf("%d\n",i);
```

其输出结果是（　　　）。

A. 0, 0　　　　　B. 0, 1　　　　　C. 1,1　　　　　D. 程序进入无限循环

【答案】B

【解析】对于do……while循环，程序会先执行一次循环体，再判断循环是否继续。本题先输出一次i的值"0"，再接着判断表达式i++的值，其值为0，所以循环结束。此时变量i的值经过自加已经变为1，程序再次输出i的值为"1"。

（2）有以下程序：

```
#include "stdio.h"
main()
{ int i,j;
  for(i=3;i>=1;i--)
  { for(j=1;j<=2;j++)printf("%d",i+j);
    printf("\n");
  }
}
```

程序的运行结果是（　　　）。

A. 2 3 4　　　　　　　　　　B. 4 3 2
　 3 4 5　　　　　　　　　　 5 4 3
C. 2 3　　　　　　　　　　　D. 4 5
　 3 4　　　　　　　　　　　 3 4
　 4 5　　　　　　　　　　　 2 3

【答案】D

【解析】该题主要考查for嵌套循环，要注意循环变量i和j的取值范围。输出结果为变量i和j的和。

（3）有以下程序：

```
#include "stdio.h"
main( )
```

```
{ int a=1,b=2;
  while(a<6) {b+=a;a+=2;b%=10;}
  printf("%d,%d\n",a,b);
}
```

程序运行后的输出结果是（　　　）。

A. 5, 11 　　　　B. 7, 1 　　　　C. 7, 11 　　　　D. 6, 1

【答案】B

【解析】第一次循环后b为3，a为3；第二次循环后b为6，a为5；第三次循环后执行b+=a，所以b为11；执行a+=2，所以a为7；执行不，所以b为1；

（4）若i和k都是int类型变量，有以下语句：

for（i=0,k=-1;k=1;k++）printf（"*****"）;

下面关于语句执行情况的叙述中，正确的是（　　　）。

A. 循环体执行两次　　　　　　　B. 循环体执行一次

C. 循环体一次也不执行　　　　　D. 构成无限循环

【答案】D

【解析】循环退出的条件不是判断语句而是一个赋值语句，所以循环一直执行，构成无限循环。

5.9 习题

一、选择题

（1）若有定义：int x=5,y=4; 则下列语句中错误的是（　　　）。

A. while(x=y) 5;　　　　　　　B. do x++ while(x==10);

C. while(0);　　　　　　　　　D. do 2; while(x==y);

（2）程序的输出结果为（　　　）。

```
main( )
{ int i,j;
  for(i=1;i<=3;i++)
  for(j=10;j>1;j-=4);
  printf("%d",i*j);
}
```

A. 30 　　　　B. 10 　　　　C. -8 　　　　D. -4

（3）设int i;则语句：for(i=0;i<=20;i++)if(i%3)break; 则循环次数为

（　　　）。

A. 1 　　　　B. 2 　　　　C. 3 　　　　D. 4

（4）语句：for(i=1;i<=10;i++)

```
{ if(i%3||i%2==0)continue;
```

```
            printf("%d",i);
        }
```

则输出结果是（   ）。

A. 123　　　　　B. 3456789　　　C. 39　　　　　　D. 36

（5）设 i=10,则执行循环 while(i-->5); 后 i 的值为（   ）。

A. 1　　　　　　B. 2　　　　　　C. 3　　　　　　D. 4

（6）执行语句 for(n=1; ++n<5;)printf("%d",n); 后，程序输出结果为（   ）。

A. 123　　　　　B. 234　　　　　C. 345　　　　　D. 456

（7）程序的输出结果为（   ）。

```
main()
{ int i;float sum;
  for(sum=1.0,i=1;i<5;i++)
  sum+=1/i;
  printf("%f",sum);
}
```

A. 1　　　　　　B. 2　　　　　　C. 2.0　　　　　　D. 3.083333

（8）程序的输出结果为（   ）。

```
main()
{ int i,j,k,t=0;
  for(i=1;i<5;i++)
  for(j=1;j<=3;j+=2)
  for(k=10;k>-2;k-=4)
  t++;
  printf("%d",t);
}
```

A. 12　　　　　　B. 24　　　　　C. 36　　　　　　D. 48

二、程序分析题

（1）以下程序的输出结果是（   ）。

```
main( )
{ int i,sum;
  for(i=10,sum=3;i>=-3;i--) sum+=i;
  printf("%d\n",sum);
}
```

（2）以下程序的输出结果是（   ）。

```
main( )
{ int a,b;
```

```
    for(a=1,b=1;a<100;a++)
    {if(b>20) break;
       if(b%3= =1)
       {b+=3;
       continue; }
       b-=5; }
    printf("%d\n",b);
}
```

（3）以下程序的输出结果是（   ）。

```
main( )
{ int n=3748,a;
   a=n%10;
   printf("%d",a);
   n/=10;
   while(n)
   { a=n%10;
      printf("%d",a);
      n/=10;
   }
}
```

（4）以下程序的输出结果是（   ）。

```
main( )
{ int n=50,i,sum=10;
   i=1;
   while(sum<n)
   {sum+=i;i++;    }
   printf("%d",sum);
}
```

（5）以下程序的输出结果是（   ）。

```
main( )
{ int n=10,i,sum=10;
   i=1;
   do
   { sum+=i;
      i++;
      }while(sum<n);
      printf("%d",i);
```

```
}
```

（6）以下程序的输出结果是（　　）。

```
main( )
{ int i,sum=0;
  for(i=20;i>=-3;i-=5)
  sum+=i;
  printf("sum=%d,i=%d",sum,i);
}
```

（7）以下程序的输出结果是（　　）。

```
main ()
{ int i,sum=0;
  for(i=1;i<10;i++)
  if(i%2)sum+=i;
  printf("sum=%d,i=%d",sum,i);
}
```

（8）以下程序的输出结果是（　　）。

```
main( )
{ int i,t=1;
  for(i=1;i<=6;i++)
  if(i%3)t*=i;
  printf("t=%d,i=%d",t,i);
}
```

（9）以下程序的输出结果是（　　）。

```
main( )
{ int i,t=1;
  for(i=1;i<=6;i++)
  if(i%2= =0)t*=i;
  printf("t=%d,i=%d",t,i);
}
```

（10）以下程序的输出结果是（　　）。

```
main( )
{ int i,t=1;
  for(i=10;i>=6;i-=2)
  if(i%3!=2)t*=i;
  printf("t=%d,i=%d",t,i);
}
```

三、程序填空题(在下列程序的_____处填上正确的内容，使程序完整)

（1）本程序实现判断m是否为素数，如果是素数输出1，否则输出0。

```c
main( )
{ int m,i,y=1;
  scanf("%d",&m);
  for(i=2;i<=m/2;i++)
  if ( _____ )
  { y=0;
    break;
  }
  printf("%d\n",y);
}
```

（2）下列程序的功能是输出1~100之间能被7整除的所有整数。

```c
main()
{ int i;
  for(i=1;i<=100;i++)
  { if(i%7)
    _____;
    printf("%5d",i);
  }
}
```

（3）输入若干字符数据，分别统计其中A,B,C的个数。

```c
main( )
{ char c;
  int k1=0,k2=0,k3=0;   计数
  while((c=getchar())!=' \n' )
  {  _____
    { case ' A' : k1++;break;
      case ' B' : k2++;break;
      case ' C' : k3++;break;
    }
  }
  printf("A=%d,B=%d,C=%d\n",k1,k2,k3);
}
```

（4）下面程序的功能是：从键盘输入若干个学生的成绩，统计并输出最高成绩和最低成绩，当输入负数时，结束输入。

```c
main( )
```

```
{ float x,max,min;
  scanf("%f",&x);
  max=x;
  min=x;
  while( _____ )
  {  if( x>max)
     max=x;
     if ( x<min)
     min=x;
     scanf("%f",&x);
  }
  printf("max=%f  min=%f\n",max,min);
}
```

四、程序改错题(下列每小题都有一个错误，找出并改正)

（1）求100以内的正整数中为13的倍数的最大值。

```
main( )
{ int i;
  for(i=100;i>=0;i--)
     if(i%13) continue;
     printf("%d",i);
}
```

（2）求1+2+3+…+100

```
main()
{ int i=1,sum=0;
  do
  {   sum+=i; i++;}while(i=100);
  printf("%d",sum);
}
```

（3）计算 1+1/2+1/3+…+1/10

```
main( )
{ double t=1.0;
  int i;
  for(i=2;i<=10;i++)
    t+=1/i;
  printf("t=%f\n",t);
}
```

（4）把从键盘输入的小写字母变成大写字母并输出。

```
#include "stdio.h"
main( )
{ char c,*ch=&c;
  while((c=getchar())!= '\n')
  { if(*ch>= 'a' &*ch<= 'z')
      putchar(*ch- 'a' + 'A');
    else
      putchar(*ch);
  }
}
```

五、程序设计题

（1）输入两个正整数，输出它们的最大公约数和最小公倍数。

（2）求S_n=a+aa+aaa+…+aa…a(最后一项为n个a)的值，其中a是一个数字。如：2+22+222+2222+22222(此时n=5)，n的值从键盘输入。

（3）打印出所有的"水仙花数"。所谓"水仙花数"是指一个三位数，其各位数的立方和等于该数本身。如：$153=1^3+5^3+3^3$，则153是一个水仙花数。

（4）计算

$$\sum_{k=1}^{100}\frac{1}{k}+\sum_{k=1}^{50}\frac{1}{k^2}$$

（5）编程序按下列公式计算e的值（精度要求为$\frac{1}{n!}<10^{-6}$）。

$$e=1+\frac{1}{1!}+\frac{1}{2!}+\frac{1}{3!}+\cdots+\frac{1}{n!}$$

（6）有一篮子苹果，两个一取余一，三个一取余二，四个一取余三，五个一取刚好不剩，问篮子至少有多少个苹果？

（7）笔记本每本5元，水性笔每支3元，橡皮擦1元3个。现有100元，要买100个上述产品，刚好将钱花完，将所有可能的情况打印出来。

第6章 数组

整型、浮点型和字符型是C语言提供的基本数据类型。在程序设计中，很重要的一点就是定义一些存储单元来存放计算的结果。在前几章中，存储数据的单元主要是一些数据类型为基本数据类型的常量或变量，这些程序只能处理少量的数据。而实际上，计算机语言的优势在于能够处理大量的数据，通过定义复杂的数据类型实现对大量数据的处理。除了指针以外，复杂数据类型又称为构造类型，是由基本数据类型组合而成的。数组是一组具有相同数据类型的数据单元。

首先，我们提出一个实际问题：请输入100个学生的"C程序设计"课程的成绩，将这100个分数从小到大输出。

这实际是一个排序问题，由于需要把100个成绩从小到大排序，因此必须把这100个成绩都记录下来，然后在100个数中找到最小的、次最小的……最大的，对这100个数进行重新排列。我们先不讨论排序的细节，单说这100个数如何存储。初学者可能会想象定义100个整型变量："int a1, a2, a3, …, a100；"，这样要写100个变量，而且在程序设计中可不能用省略号！如果需要处理的成绩更多，那又如何操作呢？更何况仔细想想如何对这100个成绩排序呢？用if语句对四个数进行排序都是很麻烦的。

在C语言中，数组的使用和普通变量的使用类似，必须"先声明，后使用"。下面将对各类数组的定义和使用进行讲述。

6.1 一维数组

1. 一维数组的定义

一维数组定义的一般形式为：

类型标识符　数组名［常量表达式］

其中，类型标识符表示数组的数据类型，即数组元素的数据类型，可以是任意数据类型，如整型、实型、字符型等。常量表达式可以是任意类型，一般为算术表达式，其值表示数组元素的个数，即数组长度。数组名要遵循标识符的取名规则。

如：int a［10］;

定义了一个一维数组，数组名为a，数据类型为整型，数组中有10个元素，分别是：a［0］，a［1］，a［2］，a［3］，a［4］，a［5］，a［6］，a［7］，a［8］，a［9］。

说明：

（1）不允许对数组的大小作动态定义。如下面对数组的定义是错误的。

int n=10;

int a[n];

（2）数组元素的下标从0开始。如数组a中的数组元素是从a[0]到a[9]。

（3）C语言对数组元素的下标不作越界检查。如：数组a中虽然不存在数组元素a[10]，但在程序中使用并不作错误处理，所以在使用数组元素时要特别小心。

（4）数组在内存分配到的存储空间是连续的，数组元素按其下标递增的顺序依次占用相应字节的内存单元。数组所占字节数为：sizeof（类型标识符）*数组长度。如数组a占用连续20个字节存储空间，为其分配的内存如图6-1所示。

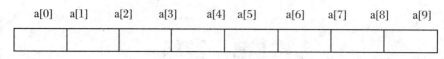

a[0]	a[1]	a[2]	a[3]	a[4]	a[5]	a[6]	a[7]	a[8]	a[9]

图6-1 内存分配

（5）可以同时定义多个数组，还可以同时定义数组和变量，如：

float a[10],b[20],c,d,*p;

2. 一维数组元素的引用

一维数组元素的下标表示形式为：

数组名[表达式]

其中，表达式的类型任意，一般为算术表达式，其值为数组元素的下标。

用下标法引用数组元素时，数组元素的使用与同类型的普通变量相同。

若有定义：int a[10]={1,2,3,4,5,6,7,8,9,10},i=3;则下列对数组元素的引用都是正确的：

```
a[i]                /* 表示a[3] */
a[++i]              /* 表示a[4] */
a[3*2]              /* 下标6的数组元素 */
```

【例6-1】建立一个数组，数组元素a[0]到a[9]的值为0~9，然后按逆序输出。

```
#include"stdio.h"
main( )
{   int i,a[10];
    for (i=0;i<=9;i++)
       a[i]=i;
    for(i=9;i>=0;i--)
    printf("%d",a[i]);
}
```

3. 一维数组初始化

（1）全部元素初始化。

在对全部数组元素初始化时，可以不指定数组长度。如：下面对数组a的初始化是等价的：

int a[10]={0,1,2,3,4,5,6,7,8,9};

int a[ ]={0,1,2,3,4,5,6,7,8,9};

a[0]到a[9]的值分别为：0,1,2,3,4,5,6,7,8,9。

（2）部分元素初始化。

部分元素初始化时，数组的长度不能省略，并且是赋值给前面的元素，没有被赋值的数组元素，数值型数组时值为0，字符型数组时值为'\0'。如：

int a[10]={1,2};

a[0]的值为1，a[1]的值为2，a[2]到a[9]的值都为0。

【例6-2】已有10个数，求它们当中的最小值。

```
#include"stdio.h"
main( )
{   int i,a;
    int n[10]={8,2,4,6,7,1,0,85,32,54};
```

```
    a=n[0];
    for(i=1;i<10;i++)
      if(n[i]<a)
      a=n[i];
    printf("a=%d\n",a);
}
```

【例6-3】 编写程序，输入100个学生的"C程序设计"课程的成绩，将这100个分数从小到大输出。

本题将利用例4-2的基本思想，每次将最小的元素置于正确的位置。也就是说，第一次找到100个元素中最小的元素，将其与下标为0的单元内容对换，使下标为0的元素为最小的数；第二次在剩余的99个元素中找到最小的元素，将其与下标为1的单元的内容对换，使下标为1的元素为次最小的数，依此类推。我们称这种排序方法为选择排序法。

```
#include"stdio.h"
#define N 100
main( )
{   in i,j,a[N],t;
    int min_a;
    for (i=0;i<N;i++)                    /*循环读入成绩到数组a中*/
      scanf("%d",&a[i]);
    for(i=0;i<N;i++)
    {   min_a=i;                         /*假设第i个元素最小*/
        for(j=i+1;;j<N;j++)              /*循环j从第i+1个元素到N个*/
        if (a[j]<a[min_a])
          min_a=j;                       /*记录最小数下标*/
         if(min_a!=i)
        {   t=a[min_a]; a[min_a]=a[i];a[i]=t; }   /*第i个数和最小数交换*/
    }
    printf("\nAfter sorted: ");          /*输出排序后元素的值*/
    for (i=0;i<N;i++)
    printf("%5d",a[i]);
}
```

6.2 二维数组

1. 二维数组的定义

二维数组定义的一般形式为：

类型标识符　数组名[常量表达式1][常量表达式2]

其中，常量表达式1的值是行数，常量表达式2的值是列数。

如：int a[3][4];

定义了一个整型的二维数组，数组名为a，行数为3，列数为4，共有12个元素，分别为：a[0][0]，a[0][1]，a[0][2]，a[0][3]，a[1][0]，a[1][1]，a[1][2]，a[1][3]，a[2][0]，a[2][1]，a[2][2]，a[2][3]。

C语言中，对二维数组的存储是按行存放，即按行的顺序依次存放在连续的内存单元中。如二维数组a的存储顺序如图6-2所示。

a[0][0] a[0][1]   a[0][2] a[0][3] a[1][0]   a[1][1]   a[1][2]   a[1][3]   a[2][0]   a[2][1] a [2][2]   a [2][3]

图6-2　数组a[3][4]的存储顺序

C语言对二维数组的处理方法是将其分解成多个一维数组。如对二维数组a的处理方法是：把a看成是一个一维数组，数组a包含三元素：a[0]、a[1]、a[2]。而每个元素又是一个一维数组，各包含四个元素，如a[0]所代表的一维数组又包含四个元素：a[0][0]、a[0][1]、a[0][2]、a[0][3]。

由于系统并不为数组名分配内存，所以由a[0]、a[1]、a[2]组成的一维数组在内存并不存在，它们只是表示相应行的首地址。

2. 二维数组的初始化

（1）全部元素初始化

全部元素初始化时，第一维的长度，即行数可以省略；第二维的长度，即列数不能省略。可以用花括号分行赋初值，也可以整体赋初值。

如：下列初始化是等价的：

int a[3][4]={{1,2,3,4},{5,6,7,8},{9,10,11,12}};

int a[ ][4]={{1,2,3,4},{5,6,7,8},{9,10,11,12}};

int a[ ][4]={1,2,3,4,5,6,7,8,9,10,11,12};

（2）部分元素初始化

部分元素初始化时，若省略第一维的长度，必须用花括号分行赋初值。没初始化的元素，数值型数组时值为0，字符型数组时值为'\0'。

如：下列初始化是等价的：

int a[2][4]={1,2,3,4,0,5};

int a[2][4]={{1,2,3,4},{0,5}};

int a[ ][4]={{1,2,3,4},{0,5}};

3. 二维数组元素的引用

二维数组元素的下标表示形式为：

数组名[表达式1] [表达式2]

其中，表达式1和表达式2的类型任意，一般为算术表达式。表达式1的值是行标，表达式2的值是列标。

【例6-4】求3×4矩阵的最小值及其所在的位置（行号和列号）。

```c
#include"stdio.h"
main( )
{    int a[][4]={{2,-8,20,0},{9,5,-38,-34},{10,32,4,-3}};
     int i,j,row,col,min;
     min=a[0][0];
     row=0;  col=0;
     for(i=0;i<3;i++)
     for(j=0;j<4;j++)
```

```
            if(min>a[i][j])
        printf("min=%d,row=%d,col=%d",min,row,col);
    }
```

【例6-5】输出杨辉三角形的前10行。

分析：可以用二维数组a来存放数据，对数组中的每一个元素a[i][j]，若j>i，则a[i][j]的值不用；若j==0或j==i,a[i][j]=1，否则，a[i][j]=a[i-1][j]+a[i-1][j-1]。

```
#include"stdio.h"
#define N 10
main( )
{    int i,j,a[N][N];
     for(i=0;i<N;i++)
     for(j=0;j<=i;j++)
     if(j==0||j==i)    a[i][j]=1;
     else              a[i][j]=a[i-1][j]+a[i-1][j-1];
   for(i=0;i<10;i++)
   {    for(j=0;j<=i;j++)
        printf("%4d",a[i][j]);
     printf("\n");
   }
}
```

运行结果为：

```
1
1  1
1  2   1
1  3   3    1
1  4   6    4     1
1  5   10   10    5    1
1  6   15   20    15   6     1
1  7   21   35    35   21    7    1
1  8   28   56    70   56    28   8    1
1  9   36   84   126   126   84   36   9   1
```

6.3 字符数组与字符串

类型为字符型的数组称为字符数组。C语言中没有专门的字符串变量，但是C语言中却有字符数组串常量，字符串常量的存储通常是通过字符数组来完成的。

1. 字符串的存储形式

由双引号引起来的若干个字符所组成的字符序列称为字符串常量。

例如："China"。

在存储该字符串时，C语言编译系统会在字符串末尾自动加上'\0'作为字符串的结束标志。'\0'是一个转义字符，它的ASCII码值为0，在这里作为字符串的结束标识符。"China"字符串的存储形式如图6-3所示。

'C'	'h'	'i'	'n'	'a'	'\0'

图6-3 "China"字符串的存储形式

从图6-3中可以看出字符串结尾被自动加上了字符'\0'，该字符串本身长度为5（字符串长度不包括结束标识符'\0'），在内存中却需要6个字符存储空间来存放该字符串。

2. 字符数组和字符串的关系

C语言的字符数组中每个数组元素都是一个字符，在整个数组元素的最后加上一个字符'\0'时，形成一个字符串。

比如以下字符数组的定义：

char str[10]={'C','h','i','n','a','\0'};

该字符型数组的前5个元素（str[0]到str[4]）分别被赋了5个字符'C'，'h'，'i'，'n'，'a'，而元素str[5]被赋予了字符串结束标识符'\0'。该字符数组在内存中的存储形式如图6-4所示。

'C'	'h'	'i'	'n'	'a'	'\0'	'\0'	'\0'	'\0'	'\0'

图6-4 str[10]数组的存储

str数组中的数组元素str[5]存放了'\0'作为字符串结束标识符，即str数组存放的是一个字符串"China"。

3. 将字符串赋值给字符数组

通过赋值，可以让一个字符数组存放一个字符串。字符数组一般有以下几种赋值方法。

（1）通过对单个数组元素赋值。

a. 字符数组大小必须定义得足够大，以便能够保存后面给出的字符串常量，同时要考虑字符串结尾符'\0'也将占用一个存储单元。

b. 在字符串的末尾必须赋'\0'，用以表示字符串结束。

【例6-6】有以下4个字符数组赋值操作，分析字符数组的存储情况。

①char str[10]={'C','h','i','n','a'};

②char str[10]={'C','h','i','n','a','\0'};

③char str[ ]={'C','h','i','n','a','\0'};

④char str[ ]={'C','h','i','n','a'};

选项①中str数组在内存中的存储如图6-5所示。

'C'	'h'	'i'	'n'	'a'	'\0'	'\0'	'\0'	'\0'	'\0'

图6-5 数组①的存储

选项②中str数组在内存中的存储如图6-6所示。

'C'	'h'	'i'	'n'	'a'	'\0'	'\0'	'\0'	'\0'	'\0'

图6-6 数组②的存储

选项③中str 数组在内存中的存储如图6-7所示。

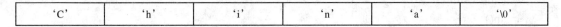

| 'C' | 'h' | 'i' | 'n' | 'a' | '\0' |

图6-7 数组③的存储

选项④中str 数组在内存中的存储如图6-8所示。

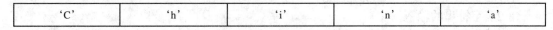

| 'C' | 'h' | 'i' | 'n' | 'a' |

图6-8 数组④的存储

通过图例分析，可以得出第④选项中保存的不是字符串，因为它没有字符串的结束标识'\0'。

（2）直接把字符串常量赋值给字符数组，例如：

char str[10]={"China"};或者char str[10]="China";

4. 字符串的输入输出

通过C语言提供的库函数，可以对整个字符串进行输入和输出。

（1）字符串的输出。

①使用printf函数输出字符串。

在printf 函数的输出格式控制中，%s代表字符串，可以通过该格式输出字符串。

【例6-7】分析以下程序的执行结果。

```
#include"stdio.h"
main()
{    char str[ ]="Hello,Dalian!";
     printf("%s",str);
}
```

本例中，数组str中存放的是一个字符串。当调用printf 函数对该数组使用%s格式进行输出时，系统将把字符串中的字符按顺序输出到屏幕上，当遇到'\0'时结束。程序输出的结果为：

Hello,Dalian!

【例6-8】分析以下程序的执行结果。

```
#include"stdio.h"
main()
{    char str[ ]="Hello\0,Dalian!";
     printf("%s",str);
}
```

本例的输出结果为：Hello

注意：在Hello后面是字符串结束标识符'\0'，在输出字符串时遇'\0'则结束。后面的字符串将不会被输出。

②使用puts函数输出字符串。

程序在使用puts函数输出字符串是，要在程序中包含头文件 stdio.h。

puts函数在输出完字符串之后，会自动输出一个换行符。puts函数的调用格式是：

puts（字符数组名）；

【例6-9】分析以下程序的执行结果。

```
#include"stdio.h"
main()
{    char str[ ]="Hello,Dalian!";m
     puts(str);
}
```

程序的输出结果是：Hello,Dalian!

（2）字符串的输入。

①使用scanf函数输入字符串。

在scanf函数中，%s代表字符串，可以通过该格式输入一个字符串。

【例6-10】分析以下语句。

```
 char str[20];
 scanf（"%s"，str）;
```

以上程序运行后，需要从键盘输入：

 Hello,Dalian!

并按回车代表输入结束。则字符数组str中将存储字符串"Hello，Dalian!"。

如果输入字符串改为"Hello ,Dalian!"，则字符数组中保存的就不是字符串"Hello，Dalian!"，而是"Hello"，因为"Hello"和其后面的逗号之间有个空格，而空格和回车都会被系统认为是数据的分隔符。

②使用gets函数输入字符串。

gets函数的调用格式： gets(字符数组名);

【例6-11】分析以下语句。

```
char str[20];
gets(str);
```

若从键盘输入"Hello ,Dalian!" 并回车（Hello和其后面的逗号之间有个空格），系统将读入15个字符，包括空格和回车，依次存放在数组str zhong，系统自动用'\0'来结束字符串的输入。

5. **常用字符串处理函数**

在C语言中，还提供了许多处理字符串的函数，我们只介绍最常用的6个字符串处理函数，这些函数在使用时都是从"string.h"中调用，所以必须在程序开始处加入预处理语句#include "string.h"。

（1）字符串拷贝函数—strcpy( )。

一般调用格式：strcpy(str1,str2)

其中，str1是地址表达式（一般为数组名或指针变量）。str2既可以是地址表达式（一般为数组名或为指针变量），也可以是字符串常量。

功能：将str2指向的字符串拷贝到以str1为起始地址的内存单元。

【例6-12】分析以下程序的运行结果。

```
#include"stdio.h"
#include "string.h"
main()
{   char s1[10],s2[ ]="hello";
    strcpy(s1,s2);              /*将字符串s2复制给字符数组s1*/
```

```
    puts(s1);                    /*利用puts函数输出s1中存储的字符串*/
}
```

程序的运行结果是：hello

（2）字符串连接函数—strcat( )。

一般调用格式：strcat（str1,str2）。

其中，str1是地址表达式（一般为数组名或指针变量）。str2既可以是地址表达式（一般为数组名或为指针变量），也可以是字符串常量。

功能：把str2指向的字符串连接到str1指向的字符串的后面。

返回值：str1的值。

（3）字符串比较函数—strcmp( )。

一般调用格式：strcmp(str1,str2)。

其中，str1和str2既可以是地址表达式（一般为数组名或指针变量），也可以是字符串常量。

功能：比较两个字符串。

（4）测试字符串长度函数—strlen( )。

一般调用格式：strlen(str)。

其中，str既可以是地址表达式（一般为数组名或指针变量），也可以是字符串常量。

功能：统计字符串str中字符的个数（不包括结束符'\0'）。

返回值：字符串中实际字符的个数。

如：char str[10]="china";

```
    printf("%d",stren(str));
```

输出结果是5，不是10，也不是6。

（5）字符串小写变大写函数—strupr( )。

一般调用格式：strupr(str)。

其中，str既可以是地址表达式（一般为数组名或指针变量），也可以是字符串常量。

功能：将字符串中的小写字母转换成大写字母。

（6）字符串大写变小写函数—strlwr( )。

一般调用格式：strlwr(str)。

其中，str既可以是地址表达式（一般为数组名或指针变量），也可以是字符串常量。

功能：将字符串中的大写字母转换成小写字母。

6.4 程序设计举例

【例6-13】用数组来处理Fibonacci数列。

```
#include"stdio.h"
main( )
{    int i;
     int f[20]={1,1};
     for(i=2;i<20;i++)
     f[i]=f[i-2]+f[i-1];
     for(i=0;i<20;i++)
```

```
{   if(i%5==0)
    printf("\n");
  printf("%10d",f[i]);
  }
}
```

程序运行结果如下：

1	1	2	3	5
8	13	21	34	55
89	144	233	377	610
987	1597	2584	4181	6765

【例6-14】利用冒泡法，对数组中的6个元素按从小到大输出。

冒泡法排序的思想是：将相邻两个数进行比较，小数放正在前头，大数放在后头，排序的算法步骤如下。

（1）将第1个数和第2个数进行比较，如果第1个数大于第2个数，则将两数交换，否则不变。用相同的方法处理第2个数和第3个数，第3个数和第4个数……第n-1个数和第n个数。这样可将最大数放在最后。

（2）除最后一个数外，前面n-1个数按步骤（1）方法，将次大数放在倒数第二的位置。

（3）按照步骤（2）每次减少一个元素，重复步骤（1）n-1遍后，最后完成递增序列的排序。

在图6-9中共有6个数，第一次将第1个数6与第2个数10进行比较，6比10小，不需交换；第二次将10与7进行比较，10比7大，两数交换位置；第三次10与11进行比较……如此共进行比较5次，将最大数3"沉底"，最小数上升浮起。然后对余下的前5个数继续进行第二轮比较，得到次最大数。如此进行，共经过五轮比较，使6个数按由小到大的顺序排列。在比较过程中，第一轮经过了5次比较，第二轮经过了4次比较……第五轮经过了1次比较。如果需要对n个数进行排序，则要进行n-1轮的比较，每轮分别要经过n-1，n-2，n-3，…，1次比较。

```
#include"stdio.h"
main( )
{
int a[6]={ 6,10,7,11,9,0]};
int i,j,min,t;
printf("before storeed\n");
for(i=0;i<5;i++)
  for(j=0;j<6-i;j++)
  if   (a[j]>a[j+1])
  {t=a[j];a[j]=a[j+1];a[j+1]=t;}
printf("after storeed\n");
printf("%d,",a[i]);
printf("\n");
}
```

a[0]	6	6	6	6	6	6
a[1]	10	10	7	7	7	7
a[2]	7	7	10	10	10	10
a[3]	11	11	11	11	9	9
a[4]	9	9	9	9	11	0
a[5]	0	0	0	0	0	11
	原始数据	第1次	第2次	第3次	第4次	第5次

第一轮比较

a[0]	6	6	6	6	6
a[1]	7	7	7	7	7
a[2]	10	10	10	10	9
a[3]	9	9	9	10	0
a[4]	0	0	0	0	10
	原始数据	第1次	第2次	第3次	第4次

第二轮比较

a[0]	6	6	6	6
a[1]	7	7	7	7
a[2]	9	9	9	0
a[3]	0	0	0	9
	原始数据	第1次	第2次	第3次

第三轮比较

a[0]	6	6	6
a[1]	7	7	0
a[2]	0	0	7
	原始数据	第1次	第2次

第四轮比较

a[0]	6	0
a[1]	0	6
	原始数据	第1次

第五轮比较

图6-9 冒泡法数组元素排序过程

【例6-15】将两个字符串连接成一个字符串。

```
#include "stdio.h"
#include "string.h"
main( )
{    char str1[30]= "I am ";          /*定义字符串变量1*/
```

```
    char str2[10]= "happy";         /*定义字符串变量2*/
    strcat(str1,str2);              /*调用系统提供的字符串连接函数*/
    puts(str1);                     /*输出连接以后的结果*/
}
```

程序运行结果如下：

I am happy

【例6-16】输入一个含有10个实数的一维数组，分别计算出数组中所有正数的和以及所有负数的和。

分析：显然应该建立一个循环，从头到尾地将整个数组搜索一遍，同时将其中所有的正数和负数累加起来求得结果。

```
#include"stdio.h"
main( )
{ float data[10];
    float pos=0,neg=0;
    int i;
    for(i=0;i<10;i++)
        scanf("%f",&data[i]);
    for(i=0;i<10;i++)
        if(data[i]>0)
            pos+=data[i];
        else
            neg+=data[i];
    printf("pos=%.2f,neg=%.2f\n",pos,neg);
}
```

运行结果如下：

<u>1 2 3 4 5 6 −7 −8 −9 10</u>↙
pos=31.00,neg=−24.00

【例6-17】从输入的字符串中删除指定字符。

分析：输入一个字符串及要删除的字符，从字符串中的第一个字符开始逐一比较是否是要删除的字符，若是，则将下一个字符开始的所有字符均往前移一位，直到检查到字符串结束标志为止。

```
#include "string.h"
#include "stdio.h"
main( )
{   char s[81],ch;
    int i;
    printf("input string: ");
    gets(s);
    printf("delete character: ");
    ch=getchar( );
    for(i=0;s[i]!=' \0' ;)
    { if(s[i]==ch)
```

```
        strcpy(s+i,s+i+1);
    else
        i++;
    }
    puts(s);
}
```
运行情况：

input string：abcdef↓

delete character：c↓

abdef

6.5 二级真题解析

一、选择题

（1）若有定义语句：int m[ ]={5,4,3,2,1},i=4;,则下面对m数组元素的引用中，错误的是（   ）。

A．m[--i]   B．m[2*2]   C．m[m[0]]   D．m[m[i]]

【答案】 C

【解析】数组m下标从0到4计算，共5个元素，选项C中m[0]=5，则m[m[0]]为m[5]，超出了数组m的下标范围。

（2）下面是有关C语言字符数组的描述，其中错误的是（   ）。

A．不可以用赋值语句给字符数组名赋字符串

B．可以用输入语句把字符串整体输入给字符数组

C．字符数组中内容不一定是字符串

D．字符数组只能存放字符串

【答案】 D

【解析】字符数组中的内容既可以是字符，也可以是字符串。

（3）若有定义语句：char s[10]="1234567\0\0";,则strlen(s)的值是（   ）。

A．7   B．8   C．9   D．10

【答案】 A

【解析】strlen(s)即求字符串 s的长度，遇到 '\0' 时结束统计。

（4）下列定义数组的语句中，正确的是（   ）。

A．int N=10;   B．#define N 10   C．int x[0..10];   D．int x[ ];

　　int x[N];   int x[N];

【答案】B

【解析】A中的N是一个变量，不可以用变量来定义数组。选项C中将所有的下标均列出，不正确，此处只需指明数组长度即可。选项D中，在定义是没有指明数组长度，不正确，如果不指明长度，就应在定义时对数组元素进行赋值。

（5）有以下程序（strcat函数用语连接两个字符串）：

```
#include"stdio.h"
#include"string.h"
main()
{    char a[20]="ABCD\0EFG\0",b[ ]="IJK";
     strcat(a,b);printf("%s\n",a);
 }
```

程序运行后的输出结果是（   ）。

A. ABCDE\0FG\0IJK   B. ABCDIJK   C. IJK   D. EFGIJK

【答案】 B

【解析】char *strcat(char *dest,char *src)的功能是：把src所指字符串添加到dest结尾处（覆盖dest结尾处的'\0'）并添加'\0'。因为'\0'是字符串的结束标志，所以a数组中存放的字符串为"ABCD"，所以两个字符串拼接后为"ABCDIJK"。

（6）有以下程序：

```
#include "stdio.h"
main( )
{    char a[30],b[30];
     scanf("%s",a);
     gets(b);
     printf("%s%s",a,b);
}
```

程序运行是若输入：

how are you?I am fine<回车>

则输出结果是（   ）。

A. how are you ?　　　　　　　　　　B. how
　　I am fine　　　　　　　　　　　　　are you? I am fine

C. how are you?I am fine　　　　　D. how are you?

【答案】 C

【解析】scanf函数在以格式字符s输入字符串时，当遇到字符'\0'时，表示输入字符串结束。而函数gets(b)是从键盘读入一个字符串放入字符数组b中，所以当从键盘输入how are you? I am fine<回车>时，把字符串how存入字符数组a中，把其余的字符存入字符数组 b中。

二、填空题

（1）以下程序用以删除字符串中所有的空格，请填空。

```
#include "stdio.h"
main( )
{    char s[100]={ "our teacher teach C language!" };
     int i,j;
```

```
    for(i=j=0;s[i]!=' \0';i++)
      if(s[i]!=' ')    {s[j]=s[i];j++;}
    s[j]=_____;
    printf("%s\n",s);
}
```

【答案】 '\0' 或 0

【解析】程序使用变量i遍历字符数组s中的所有字符，使用变量j存放非空格字符。当将所有的非空格字符重新存放到字符数组s中后，应添加字符串结束标志'\0'。

（2）以下fun函数的功能是在N行M列的整型二维数组中，选出一个最大值作为函数值返回，请填空。

（设M，N已定义）

```
int fun(int a[N][M])
{    int i,j,row=0,col=0;
    for(i=0;i<N;i++)
    if(a[i][j]>a[row][col])
    {row=i;col=j;}
    return(_____);
}
```

【答案】 a[row][col]

【解析】通过程序可以看出，外循环是行，内循环是列。先在行不变的情况下找一行内最大的数据进行记录。通过语句if(a[i][j]>a[row][col]){row=i;col=j;}可知道，如果变量a[i][j]大于a[row][col]，将i赋给row，将j赋给col，所以a[row][col]是记录当前最大值的变量。

6.6 习题

一、选择题

（1）下列能正确定义一维数组a 的语句是（   ）。

A. int a(10);   B. int n=10,a[n];

C. int n; scanf("%d",&n);   D. #define N 10
   int a[n];   int a[N];

（2）以下能对二维数组a进行正确初始化的语句是（   ）。

A.int a[][3]={{1,2,3},{4,5,6}};   B.int a[2][4]={{1,2,3},{4,5},{6}};

C.int a[2][]={{1,0,1},{5,2,3}};   D.int a[][3]={{1,0,1}{},{1,1}};

（3）若有定义语句int a[10];则下列对a中数组元素正确引用的是（   ）。

A. a[10/2-5]   B. a[10]   C. a[4.5]   D. a(10)

（4）有定义语句char array[ ]="China";则数组array所占用的空间为（   ）。

A. 4个字节　　　　B. 5个字节　　　C. 6个字节　　　D. 7个字节

（5）合法的数组定义语句是（　　）。

A. int a[]="string";

B. int a[5]={0,1,2,3,4,5};

C. char a="string";

D. char a[]="string";

（6）有定义语句int a[5],i；输入数组a的所有元素的语句应为（　　）。

A. scanf("%d%d%d%d%d",a[5]);

B. scanf("%d",a);

C. for(i=0;i<5;i++)　scanf("%d",&a[i]);

D. for(i=0;i<5;i++)　scanf("%d",a[i]);

（7）以下能正确定义二维数组的语句为（　　）。

A. int a[][];　　　　　　　　　B. int a[][4];

C. int a[3][];　　　　　　　　　D. int a[3][4];

（8）若有数组定义：int a[3][4]；则对a中数组元素的引用，正确的是（　　）。

A. a[3][1]　　　　B. a[2,1]　　　C. a[3][4]　　　D. a[3-1][4-4]

（9）下列对字符数组s的初始化不正确的是（　　）。

A. char s[5]= "abc";

B. char s[5]={ 'a' , 'b' , 'c' , 'd' , 'e' };

C. char s[5]= "abcde";

D. char s[ ]= "abcde";

（10）判断字符串s1与s2是否相等，应当使用的语句是（　　）。

A. if(s1==s2)　　　　　　　　　B. if(s1==s2)

C. if(s1[ ]=s2[ ])　　　　　　　D. if (strcmp(s1,s2)==0)

（11）下列程序段的运行结果为（　　）。

char s[ ]= "ab\0cd"; printf("%s",s);

A. ab0　　　　　　B. ab　　　　　C. abcd　　　　　D. ab cd

二、程序分析题

（1）下列程序的运行结果是（　　）。

```
main( )
{    int a[3][3]={{1,2},{3,4},{5,6}};
     int i,j,s=0;
   for(i=0;i<3;i++)
       for(j=0;j<=i;j++)
          s+=a[i][j];
     printf("%d\n",s);
```

```
}
```

（2）下列程序的运行结果是（   ）。

```
main( )
{   int i,j,k,n[3];
    for(i=0;i<3;i++)
    n[i]=0;
    k=2;
    for(i=0;i<k;i++)
    for(j=0;j<k;j++)
        n[j]=n[i]+1;
  printf("%d\n",n[1]);
}
```

（3）下列程序的运行结果是（   ）。

```
main( )
{   int i,c;
    char num[ ][4]={ "CDEF","ACBD"};
    for(i=0;i<4;i++)
    {   c=num[0][i]+num[1][i]-2*'A';
        printf("%3d",c);
    }
}
```

（4）下列程序的运行结果是（   ）。

```
main( )
{   char a[ ]= "*****";
    int i,j,k;
    for(i=0;i<5;i++)
    {   printf("\n");
        for(j=0;j<i;j++) printf("%c",' ');
        for(k=0;k<5;k++) printf("%c",a[k]);
    }
}
```

三、程序填空题（将下列程序的____处填上正确的内容，使程序完整）

（1）下列程序的功能是输出数组s中最大元素的下标。

```
main( )
{   int k,i;
    int s[ ]={3,-8,7,2,-1,4};
    for(i=0,k=i;i<6;i++)
```

```
    if(s[i]>s[k]) _____;
    printf("k=%d\n",k);
  }
```

（2）下列程序的功能是将一个字符串 str的内容颠倒过来。

```
#include "string.h"
main( )
{   int I,j,k;
    char str[ ]= "1234567";
    for(i=0,j=_____; i<j;i++,j-- )
    {k=str[i];str[i]=str[j];str[j]=k;}
    printf("%s\n",str);
  }
```

（3）下列程序的功能是把输入的十进制长整型数以十六进制的形式输出：

```
main( )
{   char b[ ]= "0123456789ABCDEF";
    int c[64],d,i=0,base=16;
    long n;
    scanf("%ld",&n);
    do
    {c[i]=_____; i++;n=n/base;
    }while(n!=0);
    for(--i;i>=0;--i)
    {d=c[i];printf("%c",b[d]);}
}
```

（4）下列程序的功能是将数组a 的元素按行求和并且存储到数组s中。

```
main( )
{   int s[3]={0};
    int a[3][4]={{1,2,3,4},{5,6,7,8},{9,10,11,12}};
    int i,j;
    for(i=0;i<3;i++)
    {     for(j=0;j<4;j++)
    _____
    printf("%d\n",s[i]);
  }
}
```

（5）下列程序的功能是输入一个字符串，然后输出。

```
main( )
```

```
{    char a[20];
     int i=0;
     _____
     while(a[i])
     printf("%c",a[i++]);
}
```

四、编程题

（1）输入10个整型数并存入一维数组，要求输出值和下标都为奇数的元素个数。

（2）有5个学生，每个学生有4门课程，将有不及格课程的学生成绩输出。

（3）从键盘上输入一个字符串，统计字符串中的字符个数。不允许使用求字符串长度函数strlen( )。

（4）从给定数组中删除一个指定元素，该元素的值为13。

（5）输入一行字符，统计其中有多少个单词，单词之间用空格分隔开。

（6）已知某年的元旦是星期几，打印该年某一月份的日历表。

第7章 函数

前面各章的C程序中都只有一个函数main（），但实际的C程序往往由多个函数组成。函数是C程序的基本模块，C语言中的函数相当于其他高级语言的子程序。C语言不仅提供了极为丰富的库函数（如Turbo C提供了三百多个库函数），还允许用户建立自己定义的函数。用户可把自己的算法编成一个个相对独立的函数模块，然后用调用的方法来使用函数。

可以说C程序的全部工作都是由各式各样的函数完成的，所以也把C语言称为函数式语言。由于采用了函数模块式的结构，C语言易于实现结构化程序设计，使程序的层次结构清晰，便于程序的编写、阅读、调试。

7.1 函数

7.1.1 函数概述

【例7-1】C程序的组成。

```
#include" stdio.h"
main( )
{    printstar( );                           /*调用printstar函数*/
     printmessage( );                        /*调用printmessage函数*/
     printf(" ＊＊＊＊＊＊＊＊＊＊\n" );        /*调用printf函数*/
}
printstar( )                                  /*定义pirntstar函数*/
{    printf(" ＊＊＊＊＊＊＊＊＊＊\n" );
}
printmessage( )                               /*定义printmessage函数*/
{    printf("   How are you!\n" );
}
```

程序运行结果如下：

＊＊＊＊＊＊＊＊＊＊

How are you!

＊＊＊＊＊＊＊＊＊＊

上例题程序由三个函数组成：主函数main（）、printstar（）和printmessage（）。其中printstar（）和printmessage（）都是用户定义的函数，分别用来输出一行星号和一行信息；printf（）是系统提供的库函数。由上面的例题可以看出：

（1）一个C程序文件由一个或多个函数组成。一个C程序文件是一个编译单位，即以文件为单位进行编译，而不是以函数为单位进行编译。

（2）C程序的执行总是从主函数main（）函数开始，完成对其他函数的调用后再返回到主函数main（）函数，最后由主函数main（）函数结束整个程序。一个C源程序必须有也只能有一个主函数main（）。

（3）所有函数都是平行的，即在定义函数时是互相独立的，一个函数并不从属于另一函数，即函数不能嵌套定义，但可以嵌套调用，还可以自己调用自己，但不能调用main（）函数。

7.1.2 函数的定义

从用户的角度看，函数有两种：系统库函数（即标准函数）和用户自定义函数。前面使用的printf（）函数就是系统库函数，由系统提供的，用户可以直接使用它们。库函数虽然有很多，但不能完全满足用户的需求，这时就要根据用户自身的需要，定义新的函数，这样的函数就是用户自定义函数，如前面的printstar（）函数。

函数定义的格式如下：

类型标识符 函数名（形式参数表）

{

　　函数体

}

说明：

（1）"类型标识符"说明了函数返回值（即函数值）的类型，它可以是前面章节介绍的各种数据类型。若函数无返回值，则函数的类型为"void"；若函数值类型为整型（int）时，可以省略，也就是说，函数类型缺省是整型。

（2）"函数名"是函数存在的标识符，要符合标识符命名的规定，不能与系统关键字同名。

（3）"形式参数表"用于指明函数调用时，调用函数传递给该函数的数据类型和数据个数。形式参数表中的参数可以有多个，相邻参数间用逗号"，"间隔；若没有参数，则形式参数表为空或用"void"表示，但函数名后"（）"必须存在，如：

void Hello()

{　　printf ("Hello,world \n");

}

Hello（）函数是一个无参函数，当被其他函数调用时，输出Hello world字符串。

（4）形式参数表中的每个参数都必须进行类型定义，格式是：

类型1 参数1，类型2 参数2……

其放在"（）"内，或者也可以放在函数名下面。

（5）"函数体"就是函数的功能。由若干语句组成，包括说明语句和可执行语句；函数体中可以没有语句，但大括号不可省略。

（6）函数不允许嵌套定义。即在一个函数的函数体内不能再定义另一个函数。

（7）一个函数的定义可以放在程序中的任意位置，主函数main()之前或之后。

看下面例题中函数的定义。

【例7-2】定义一个求两个数中大数的函数。

```
int max(int x, int y)                /*定义一个函数max()*/
{    int z;
     z= x>y?x:y;
```

```
        return(z);                    /*将z的值作为函数max的值*/
    }
```

上例题程序中，第1行说明max函数是一个整型函数，其返回的函数值是一个整数。形式参数为x、y，类型均为整型，x、y的具体值是由主调函数在调用时传递过来。在{ }中的函数体内，除形式参数外还使用变量z，变量z的值是x与y的最大值，return语句的作用是将z的值作为函数值带回到主调函数中。函数形式参数的定义还可以等价以下形式：

```
    int max(x, y)              /*函数值的缺省类型为int*/
    int x, y;                  /*函数形参的定义放在函数名的下面*/
    {   int z;
        z= x>y?x:y;
        return (z);            /*将z的值作为函数max的返回值*/
    }
```

7.1.3 函数的调用与参数

一个被定义好的函数只有被调用，才能实现函数的功能，一个不被调用的函数是没有任何作用的。函数调用的一般格式如下：

函数名（实际参数表）

如果是调用无参函数，则实际参数表可以没有，但括弧不能省略，如printstar( )。在函数定义时出现的是形式参数表（形参），而调用时出现的是实际参数表（实参），正确理解它们的区别是非常重要的。

1. 函数的形参与实参

函数的参数分为形参和实参两种。形参出现在函数定义中，在整个函数体内都可以使用，离开该函数则不能使用。实参出现在主调函数中，进入被调函数后，实参也不能使用。形参和实参的功能是实现数据传递。在发生函数调用时，主调函数把实参的值传递给被调函数的形参，从而实现主调函数向被调函数的数据传递。

函数的形参和实参具有以下特点：

（1）实参可以是常量、变量、表达式、函数等。无论实参是何种类型，在进行函数调用时，它们都必须具有确定的值，以便把这些值传递给形参。因此，应预先用赋值、输入等办法，使实参获得确定的值。

（2）形参只有在被调用时，才分配内存单元；调用结束时，即刻释放所分配的内存单元。因此，形参只有在该函数内有效。调用结束返回到主调用函数后，则不能再使用形参变量。

（3）实参对形参的数据传递是单向的，即只能把实参的值传递给形参，而不能把形参的值反向地传递给实参。

（4）实参和形参占用不同的内存单元，即使同名也互不影响。

（5）在调用时，函数的实参和对应的形参个数和类型必须一致。

【例7-3】通过函数调用，从键盘输入两个数，求它们的最大值。

```
/*实参对形参的数据传递。*/
#include" stdio.h"
int max(int x, int y)                    /*x、y是形参*/
```

```
{    int z;
     z= x>y?x:y;
     return (z);                          /*将z的值作为函数max的值*/
}
main( )
{    int a,b,c;
     scanf("%d,%d", &a,&b);               /*定义实参n，并初始化*/
     c= max(a, b) ;                       /*调用函数, a、b是实参*/
     printf("max =%d\n",c);
}
```

程序运行结果如下：
6，9 ↓
max =9

从上面的例题可以看到：程序由主函数main()和求最大值函数max()两个函数组成。在函数max()中定义两个整型形参x、y，在主函数中通过"max(a, b)"调用该函数，其中a、b是实参，在函数调用时，实参是把值传递给形参，如图7-1所示。

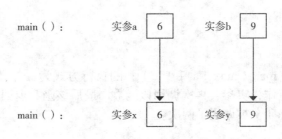

图7-1 例7-3中的参数传递

在函数调用时，首先是实参的值传递给形参，形参得到值，参加相应的运算。如上图中的形参x、y分别得到实参a、b的值，然后x、y可以参加求最大值的运算。

函数调用时，把实参的值单向传递给形参–单向值传递，这时形参的改变不影响实参，实参与形参分别占用自己的内存单元；被调函数调用结束后，实参仍保留并维持原值，形参单元被释放。函数参数值的其他传递方式将在7.1.6节讲述。

2. 函数调用的方式

按函数调用在程序中出现的位置来分，可以有以下3种调用方式：

（1）函数语句。

把函数调用作为一个语句。如：printf ("%d",a);scanf ("%d",&b);，这时一般不要求函数带回值，只要求函数完成一定的操作。

（2）函数表达式。

函数调用出现在一个表达式中，这种表达式称为函数表达式。这时要求函数带回一个确定的值以参加表达式的运算。例如：

c=max（a，b）

函数max（）是表达式的一部分，把函数的返回值赋给c。

（3）函数实参。

函数调用作为另一个函数调用的实参。这种情况是把该函数的返回值作为实参进行传递，因此要求该函数必须是有返回值的函数。如：max(max(a, b),c)。

把例7-3改成求3个数的最大值，程序如下：

```
#include" stdio.h"
int max(int x, int y)                /*x、y是形参*/
{    int z;
     z= x>y?x:y;
     return (z);                     /*将z的值作为函数max的值*/
}
main( )
{    int a,b,c,d;
     scanf("%d,%d, %d", &a,&b, &C);
     d=max( max(a, b),c);            /*求a、b、c的最大值*/
     printf("max=%d\n.",d);
}
```

程序运行结果如下：

6，10，4 ↙

max=10.

主函数中语句d= max（max（a, b），c）；的执行方式为：先调用一次函数max（a, b），将调用的返回值作为实参，再次调用该函数，最后该函数返回值就是三个数的最大值。本程序中函数max（ ）被调用了两次。

7.1.4 对被调用函数的声明

在一个函数中调用另一函数（即被调用函数）需要具备哪些条件呢？

（1）首先被调用的函数必须是已经存在的函数。

（2）如果使用库函数，一般还应该在本程序开头用#include命令将调用有关库函数时所用到的信息包含到本程序中来，如：#include"stdio.h"。

（3）如果使用用户自己定义的函数，而且该函数与调用它的函数（即主调函数）在同一个文件中，一般还应该在主调函数中对被调用函数的进行"原型声明"。原型声明有两种形式为：

① 类型标识符 函数名（参数类型1，参数类型2，……）；

② 类型标识符 函数名（参数类型1 参数1，参数类型2 参数2，……）；

如：int sum(int, int)；

int sum(int x, int y)；

【例7-4】通过函数调用，从键盘输入两个整数，求它们的和。

```
/*函数的原型声明*/
#include" stdio.h"
main( )
```

```
{    int sum(int x,int y);          /*对被调用函数sum()的原型声明*/
     int a,b,c;
     scanf("%d,%d", &a,&b);
     c=sum(a,b) ;
     printf("sum =%d\n",c);
}
int sum(int x,int y)                /*函数sum()的定义*/
{    int z;
     z=x+y;
     return(z);
}
```

程序运行结果如下：

6，9↙

sum=15

只要把函数定义加上"；"就构成了函数声明语句。

C语言规定，以下几种情况可以不在调用函数前对被调用函数进行声明：

（1）如果函数值是整型或字符型，可以不必进行声明。

（2）如果被调用函数的定义出现在主调函数之前，可以不必进行声明，如例7-3。由于函数max()定义在main()之前，在main()内可以不进行声明，因为在编译是从上向下扫描的。

（3）如果已在所有函数定义之前（在程序的开头），在函数的外部进行了函数声明，则在各个函数中不必对所调用的函数再进行声明。

【例7-5】在程序的开头进行函数声明。

```
#include" stdio.h"
int f1(int );                       /*在程序开头对函数f1、f2进行原型声明*/
float f2(float ,float );
main()                              /*在main()内对被调用函数f1不用声明*/
{    x1= f1(b);                     /*调用函数f1*/
     ……
}
int f1(int a)                       /*对被调用函数f2不用声明*/
{    c=f2(a1,b1);                   /*调用函数f2*/
     ……
}
float f2(float x,float y)           /*定义函数f2*/
{    ……
}
```

上例题程序中函数的声明放在程序开头，这是一种统一、有效的方法，因为这样就不必在各个主调函数内分别进行声明，书写的程序既清晰规范又不容易出错。

（4）对库函数的调用不需要再声明，但必须把该函数的头文件用#include命令包含在程序头部。

7.1.5 函数的返回值与函数类型

在本章前面的内容中已经使用过函数的返回值，下面再详细地介绍。

1. 函数的返回值

函数的返回值（函数值）是指函数被调用之后，执行被调函数体中的程序段所取得的并返回给主调函数的值。函数的返回值是通过函数中的return语句获得的。return语句有三种格式：

格式1：return (表达式)；

格式2：return 表达式；

格式3：return;

格式1和格式2功能是等价的：从被调用函数返回到主调函数的调用点，并将返回一个值给主调函数。

格式3的功能：从被调用函数返回到主调函数的调用点，无返回值。

使用return语句还要注意以下几点：

（1）若被调用函数中无return语句，执行完被调函数体的最后一条语句返回。

（2）若被调用函数有返回值，必须使用格式1或格式2的返回语句，且在函数定义时指出返回值的类型。如例7-2中的定义函数max（ ）：

```
int max(int x,int y)
{    int z;
     z= x>y?x:y;
     return(z);
}
```

在函数头部函数返回值的类型定义为int，函数体中的语句return (z);将变量z的值作为函数的返回值，z的值的类型也是int，同定义的返回类型一致。

2. 函数类型

在定义函数时，对函数类型的说明就是函数值的类型，该类型的确定注意以下几点：

（1）函数值的类型应与return语句中返回值表达式的类型一致。如果不一致，则以定义函数类型为准。

（2）如函数值为整型（int），在函数定义时可缺省。

（3）不返回函数值的函数，可以使用关键字"void"明确定义为"空类型"。一旦函数被定义为空类型后，就不能在主调函数中使用被调函数的函数值，否则会出错。

【例7-6】通过函数调用，从键盘输入两个实型数据，求它们的和。

```
/*返回值类型不一致的处理*/
#include" stdio.h"
int s(float x, float y);                          /*对函数s()的原型声明*/
main( )
{    float a=1.5,b=3.2;
     printf("sum =%d\n.", s(a,b));
```

```
}
int s(float x, float y)                       /*函数s()的定义*/
{    return(x+y);                             /*函数s()的返回值*/
}
```

程序运行结果如下：

sum=4.

为什么程序的结果不是4.7呢？虽然函数s()的形参均是实型，所以return(x+y);的结果也是实型，但是函数s()定义时函数值的类型为整型，在不一致时，以定义时为准。x+y=4.7，把4.7转换为整型就是4。

【例7-7】说明void关键字的作用。

```
#include" stdio.h"
void f1( )
{    printf("hello!\n.")
}
main( )
{    int a;
     a=f1();                                  /*编译出错，应改为f1();*/
}
```

上例题程序中，函数f1()定义为空类型，在主函数中使用语句a=f1();是错误的。因为函数f1()没有返回值，不能在主调函数中使用被调函数的函数值。为了使程序有良好的可读性并减少出错，凡不要求返回值的函数都应定义为空类型。

7.1.6 函数的参数传递

函数调用时，实参与形参的传递方式有两种：值传递方式和地址传递方式。

1. 值传递方式

前面已经介绍过这种方式：单向值传递。这种方式的特点是：形参是函数中的局部变量。实参可以是常量、变量、函数、数组元素或表达式。

在函数调用时，值传递方式只是把实参的值传递给形参，实参与形参占用不同的内存单元；调用结束后，实参仍保留并维持原值，形参单元被释放。在调用过程中，形参的改变并不影响实参。数组元素作实参，采用的也是单向值传递方式。

【例7-8】通过函数调用交换两个变量的值。

```
#include" stdio.h"
void swap(int x, int y)                       /*将参数声明为值传递方式*/
{    int temp;
     temp=x;
     x=y;
     y=temp;
```

```
        printf("x=%d,y=%d\n",x,y);
    }
    main( )
    {    int a=3,b=5;
         swap(a,b);                              /*调用函数swap()，参数为值传递方式*/
         printf("a=%d,b=%d",a,b);
    }
```

程序运行结果如下：

x=5，y=3

a=3，b=5

上例题程序中，函数调用时，函数swap（）中的形参x、y在接收了实参a、b的值后，经过运算发生了交换，由于形参和实参分别占用自己的存储空间，所以实参a、b的值在调用前后并没有发生改变。若形参和实参同名，也不会相互影响，因为它们是不同的变量。如把上例题改为：

```
    #include" stdio.h"
    void swap(int a,int b)                       /*将参数声明为值传递方式*/
    {    int temp ;
         temp=a;
         a=b;
         b=temp;
         printf("a=%d,b=%d\n",a,b);
    }
    main( )
    {    int a=3,b=5;
         swap(a,b);                              /*调用函数swap()，参数为值传递方式*/
         printf("a=%d,b=%d",a,b);
    }
```

程序运行结果如下：

a=5，b=3

a=3，b=5

因为形参是在函数swap()中定义的，实参在main()定义的，虽然名字相同，却是两个不同的实体。在没有进行函数调用时，形参是不占用内存的，它只是在被用期间被分配内存来接收实参的值，一旦调用结束就释放内存。该问题可以采用地址传递方式解决，如后面讲的指针。

数组元素作为函数实参时，参数的传递方式与普通变量是完全相同的，在发生函数调用时，把作为实参的数组元素的值传递给形参，实现单向值传递，例7-9说明了这种情况。

【例7-9】判断一个整数数组中各元素的值，若大于0 则输出该值，若小于等于0则输出0值。

```
    #include" stdio.h"
    void fun(int n)
```

```
{    if(n>0)
     printf("%d ",n);
        else
     printf("%d ",0);
}
main( )
{    int a[5],i;
     for(i=0;i<5;i++)
   {      scanf("%d",&a[i]);
          fun(a[i]);                          /*数组元素作为函数实参*/
   }
}
```

程序运行结果如下：

<u>1 2 -3 4 -5</u>↓
1 2 0 4 0

上例题程序中：首先定义了一个无返回值函数fun（），并定义其形参n为整型变量。在函数体中，根据n值输出相应的结果；在main（）函数中用一个for语句输入数组各元素， 每输入一个就以该元素作实参调用一次fun（）函数，即把a[i]的值传递给形参n，供fun（）函数使用。

用数组元素作实参时，只要数组类型和函数的形参类型一致即可，并不要求函数的形参也是下标变量。换句话说，对数组元素的处理是按普通变量对待的。

2. 地址传递方式

把实参地址传递给形参：地址传递方式。这种方式的特点是：形参是数组或指针（指针将在第8章中介绍）。实参要求是数组名。

用数组名作函数参数，参数的传递就是地址传递。因为数组名代表了数组的起始地址，所以是把数组的起始地址传递给了形参数组，实际上是形参数组和实参数组为同一数组，共同使用一段内存空间，被调函数中对形参数组的操作其实就是对实参数组的操作，它能影响实参数组的元素值，即形参的改变影响实参。

值传递与地址传递的区别主要是看传递的是参数的值还是参数的地址。

【例7-10】用冒泡法对数组中10个整数按从小到大的顺序排序。

```
#include" stdio.h"
void sort(int b[10])                          /*将参数声明为地址传递方式*/
{    int i,j,t;
     for(j=0;j<9;j++)
     for(i=0;i<9-j;i++)
     if(b[i]>b[i+1])
     {t=b[i]; b[i]=b[i+1]; b[i+1]=t; }
}
main( )
{    int a[10],i;
```

```
        for(i=0;i<10;i++)
        scanf("%d ",&a[i]);
        sort(a);                          /*实参a必须是数组名*/
        for(i=0;i<10;i++)
        printf("%d ",a[i]);
    }
```

程序运行结果如下：

<u>1 2 3 5 4 6 8 7 10 9</u> ↙

1 2 3 4 5 6 7 8 9 10

上例题程序可以得到：

（1）用数组名作函数参数，应该在主调函数和被调用函数中分别定义数组，上例中b是形参数组名，a是实参数组名，分别在其所在函数中定义，不能只在一方定义。

（2）实参数组与形参数组类型应一致，如不一致，结果将出错。

（3）实参数组和形参数组大小可以一致也可以不一致，C编译对形参数组大小不做检查，只是将实参数组的首地址传给形参数组，两个数组就共占同一段内存单元。

（4）形参数组也可以不指定大小，在定义数组时，在数组名后面跟一个空的方括弧，为了在被调用函数中处理数组元素的需要，可以另设一个参数，传递数组元素的个数。上面的例题可以改为：

```
#include" stdio.h"
void sort(int b[ ],  int n)            /*形参数组不指定大小，n表示元素个数*/
{    int i,j,t;
     for(j=0;j<n-1;j++)
     for(i=0;i<n-1-j;i++)
       if(b[i]>b[i+1])
     {    t=b[i]; b[i]=b[i+1]; b[i+1]=t; }
}
main( )
{    int i;
     int a[5]={1,3,2,4,6};
     int b[10]={1,3,2,4,6,8,7,10,5,9};
     sort(a,5);                         /*实参5代表数组元素的个数*/
     printf("output a: ");
     for(i=0;i<5;i++)
     printf("%d ",a[i]);
     printf("\n" );
     sort(b,10);                        /*实参10代表数组元素的个数*/
     printf("output b: ");
     for(i=0;i<10;i++)
     printf("%d ",b[i]);
}
```

程序运行结果如下：

output a：1 2 3 4 6

output b：1 2 3 4 5 6 7 8 9 10

上例题程序中：在两次调用sort（）函数时，实参数组的大小是不同的，第一次调用时，实参数组a长度是5，这时形参数组b得到的长度也是5；第二次调用时，实参数组b长度是10，这时形参数组b得到的长度也是10。这样设传递数组元素个数的一个参数，增加参数传递的灵活性。

可以用多维数组名作为实参和形参，在被调用函数中对形参数组定义时可以指定每一维的大小，也可以省略第一维的大小说明，看下面例题。

【例7-11】有一个3×4的矩阵，求其中的最大元素。

```
/*用多维数组名作实参和形参*/
#include" stdio.h"
max(int array[ ][4])
{    int i,j,k,max;
     max=array[0][0];
     for(i=0;i<3;i++)
     for(j=0;j<4;j++)
     if(array[i][j]>max) max=array[i][j];
        return(max);
}
main( )
{    static int a[3][4]={{1,3,5,7},{2,4,6,8},{15,17,34,12}};
     printf("max is %d.\n ",max(a));
}
```

程序运行结果如下：

max is 34.

上例题程序中，用二维数组名array作为函数的形参，在函数调用时实参也必须是数组名，实参数组a把数组的起始地址传递给形参，在调用期间，形参和实参共用一段存储空间。

7.1.7 函数的嵌套调用和递归调用

1. 函数的嵌套调用

函数的嵌套调用就是一个函数在被调用时，该函数又调用了其他函数。C语言允许嵌套调用，但不允许嵌套定义。嵌套调用关系如图7-2所示。

图7-2是一个两层嵌套调用的示例，即main函数调用f1（）函数，f1（）函数调用f2（）函数，执行的顺序如图中数字所示。嵌套调用的执行原则是：要先执行完被调用函数，才能返回到函数调用点的下一条语句继续执行。

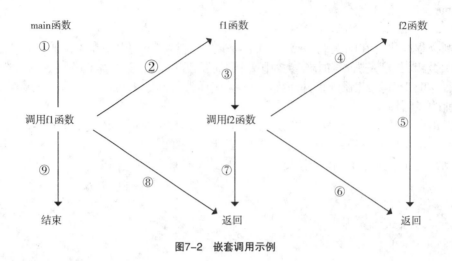

图7-2　嵌套调用示例

【例7-12】函数的嵌套调用。

```
#include" stdio.h"
main( )
{    f1( );                              /*调用f1函数*/
     printf("33333333\n ");
}
void f1( )
{    printf("11111111\n ");
     f2( );                             /*调用f2函数*/
}
void f2( )                              /*定义f2函数*/
{    printf("22222222\n ");
}
```

程序运行结果如下：

11111111

22222222

33333333

C语言不能嵌套定义函数，但可以嵌套调用函数。

2. 函数的递归调用

函数的递归调用是指一个函数在它的函数体内，直接或间接地调用它自身。递归调用的过程可分为如下两个阶段：

（1）第一阶段称为"递推"：将原问题不断地分解为新问题，逐渐地从未知的方向向已知的方向推测，最终达到递归结束条件，这时递推阶段结束。

（2）第二个阶段称为"回归"：从递归结束条件出发，按照递推的逆过程，逐一求值回归，最后到达递推的开始处，结束回归阶段，完成递归调用。

使用递归的方法编写的程序简洁清晰，但程序执行起来在时间和空间上开销较大，这是因为递归的过程中占用较多的内存单元存放"递推"的中间结果。

在递归调用中，调用函数又是被调用函数，执行递归函数将反复调用其自身。每调用一次就进入新的一层。例如有函数fun如下：

```
int fun(int x)
{    int y;
     z= fun (y);
     return z;
}
```

这是一个递归调用函数，但是运行该函数将无休止地调用其自身，这当然是不正确的。为了防止递归调用无终止地进行，必须在函数内有终止递归调用的手段。常用的办法是加条件判断，满足某种条件后就不再作递归调用，然后逐层返回。

【例7-13】用递归计算n!

```
#include" stdio.h"
long pow(int n)
{    if(n==1)  return 1;                      /*递归结束条件*/
     else    return n*pow(n-1);               /*pow( )递归调用自己*/
}
main( )
{    int n;
     long y;
     scanf("%d",&n);
     y=pow(n);
     printf("%d!=%ld\n",n,y);
}
```

程序运行结果如下：

<u>5</u> ↓

5!=120

下面分析一下上面例题程序的执行过程，设n的值是3：

首先主函数main()在语句y=pow(n)中对函数pow()开始进行第一次调用，由于实参n=3，进入函数pow后，形参n=3，不等于1，应该执行3*pow(2)。

为了计算pow(2)，将引起对函数pow()的第二次递归调用，重新进入函数，形参n=2，不等于1，应该执行2*pow(1)。

为了计算pow(1)，将引起对函数pow()的第三次递归调用，重新进入函数，形参n=1，满足递归终止条件，执行语句return 1;，返回调用点（即回到第二次调用层）执行2*pow(1)=2*1=2，完成第二次调用，返回结果pow(2)=2，返回到第一次调用层；接着执行3*pow(2)=3*2=6，最后返回主函数。

以上递归调用的执行和返回过程可见图7-3。

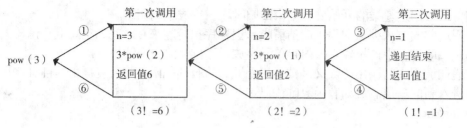

图7-3 例7-11的函数调用过程

从图7-3可以看出，递归调用实际上是一种特殊的嵌套调用，特殊在每次嵌套调用的是同一个函数，但每次调用时，给出的参数n不同，好像是同一个函数做不同的事情。比如，第一次调用的形参n=3，第二次调用的形参n=2，第三次调用的形参n=1。虽然每次调用的是同一个函数，但处理的数据不同。递归的返回雷同与嵌套调用的返回也是逐层返回。图7-3中的数字序号表明了该递归调用的进入和返回次序。

7.2 局部变量和全局变量

变量的作用域是指变量能被使用的程序范围。根据变量定义的位置不同，其作用域也不同，据此将C语言中的变量分为局部变量和全局变量。

7.2.1 局部变量

在一个函数体内定义的变量是局部变量（包括形参），它的作用域是定义它的函数，也就是说，只有该函数才能使用它定义的局部变量，其他函数不能使用这些变量。所以局部变量也称"内部变量"。

【例7-14】局部变量的作用域。

```
#include" stdio.h"
int f1(int a)                        /*函数f1*/
{    int b,c;                        /*a、b、c作用域仅限于函数f1中*/
     ……
}
int f2(int x)                        /*函数f2*/
{    int y,z;                        /*x、y、z作用域仅限于函数f2中*/
     ……
}
main( )
{    int m,n;                        /*m、n作用域仅限于函数main中*/
     ……
}
```

上例题程序中：函数f1（）内定义了3个变量，a为形参，b、c为一般变量；在 f1的范围内a、b、c有效，或者说a、b、c变量的作用域限于f1内；同理，x、y、z的作用域限于f2内；m、n的作用域限于main函数内。

关于局部变量的作用域还要说明以下几点:

（1）主函数main（）中定义的局部变量，也只能在主函数中使用，其他函数不能使用。同时，主函数也不能使用其他函数中定义的局部变量。因为主函数也是一个函数，与其他函数是平行关系。

（2）形参变量也是局部变量，属于被调用函数；实参变量，则是调用函数的局部变量。

（3）允许在不同的函数中使用相同的变量名，它们代表不同的对象，分配不同的单元，互不干扰，也不会发生混淆。

（4）在复合语句中也可定义变量，其作用域只在复合语句范围内。看下面例题。

【例7-15】复合语句内的局部变量的作用域。

```
#include" stdio.h"
main( )
{    int x,y,z;                              /*main内的局部变量x、y、z*/
     x=1;
     y=++x;
     z=++y;
   {
       int x=3,y=4;                          /*复合语句内的局部变量x、y*/
       printf("x=%d,y=%d,z=%d\n ",x,y,z);
       z++;
   }
   printf("x=%d,y=%d,z=%d\n ",x,y,z);
}
```

程序运行结果如下:

x=3，y=4，z=3

x=2，y=3，z=4

上例题程序中，定义了复合语句内的局部变量x、y，它们的作用域是复合语句内，若和函数内的局部变量同名，在复合语句内的复合语句的局部变量优先。

7.2.2 全局变量

在函数外部定义的变量称为全局变量。其作用域是：从全局变量的定义位置开始，到本程序文件结束。全局变量可被作用域内的所有函数直接引用，所以全局变量又称外部变量。全局变量不属于任何一个函数。

【例7-16】全局变量的作用域。

```
int a1,b1;                                 /*全局变量a1、b1作用域是整个程序*/
int f1(int a)
{    int b,c;                              /*a、b、c作用域仅限于函数f1中*/
     ……
}
```

```
    int a2,b2;                                  /*全局变量a2、b2作用域是函数f2、main*/
    int f2(int x)
    {    int y,z;                               /*x、y、z作用域仅限于函数f2中*/
         ……
    }
    main( )
    {    nint m,n;                              /*m、n作用域仅限于函数main中*/
         ……
    }
```

上例题程序中：a1、b1和a2、b2都是定义在函数体外的全局变量，但它们的作用域是不同；a1、b1可以被整个程序访问，而a2、b2只能被函数f2（ ）和main（ ）使用，函数f1却不能使用a2、b2。

要想使a1、b1和a2、b2作用域相同，可以采用两种方法：一是把a2、b2定义放在程序开头；二是不改变定义位置，使用关键字extern在需要的地方进行说明。全局变量说明的一般形式为：

extern 数据类型 全局变量[，全局变量2……]；。

【例7-17】输入正方体的长宽高l、w、h。求体积及3个面x*y、x*z、y*z的面积。

```
#include″ stdio.h″
int s1,s2,s3;                                  /*全局变量s1、s2、s3的定义*/
int vs(int a,int b,int c)
{    nt v;
     v=a*b*c;
     s1=a*b;
     s2=b*c;
     s3=a*c;
     return v;
}
main( )
{    int v,l,w,h;
     scanf("%d,%d,%d",&l,&w,&h);
     v=vs(l,w,h);
     printf("v=%d,s1=%d,s2=%d,s3=%d\n",v,s1,s2,s3);
}
```

程序运行结果如下：

<u>3，4，5</u>↓

v=60，s1=12，s2=20，s3=15

上例题程序中定义了3个全局变量s1、s2、s3 用来存放3个面积，其作用域为整个程序。函数vs（ ）用来求正方体体积和3个面积，函数的返回值为体积v。由主函数完成长、宽、高的输入及结果输出。由于C语言规定函数返回值只有一个，当需要增加函数的返回数据时，用全局变量是一种很好的方式。

本例中，如不使用全局变量，在主函数中就不可能取得v、s1、s2、s3四个值。而采用了全局变量，在函数vs（ ）中求得的s1、s2、s3值在main（ ）中仍然有效，因此全局变量是实现函数之间数据通讯的有效手段。

对于全局变量，还有以下几点说明：

（1）对于局部变量的定义和说明可以不加区分。而对于全局变量则不然，全局变量的定义和全局变量的说明并不是一回事。全局变量只能定义一次。而全局变量的说明，出现在要使用该全局变量的函数内，可以出现多次。

全局变量在定义时就已分配了内存单元，全局变量定义可作初始赋值，全局变量说明不能再赋初始值，只是表明在函数内要使用某全局变量。

（2）全局变量可加强函数模块之间的数据联系，但是又使函数要依赖这些变量，因而使得函数的独立性降低。从模块化程序设计的观点来看这是不利的，因此在不必要时，尽量不要使用全局变量。

（3）在同一源文件中，允许全局变量和局部变量同名。在局部变量的作用域内，全局变量不起作用。

【例7-18】全局变量的定义与说明。

```
#include" stdio.h"
int vs(int xl,int xw)
{    extern int xh ;                    /*全局变量xh的说明*/
     int v ;
     v=xl*xw*xh ;                       /*直接使用全局变量xh的值*/
     return v ;
}
main( )
{    extern int xw,xh ;                 /*全局变量的说明*/
     int xl=5 ;                         /*局部变量的定义*/
     printf("xl=%d,xw=%d,xh=%d\nv=%d",xl,xw,xh,vs(xl,xw)) ;
}
```

int xl=3，xw=4，xh=5 ;   /*全局变量xl、xw、xh的定义*/
程序运行结果如下：
xl=5，xw=4，xh=5
v=100

上例题程序中，全局变量在最后定义，因此在前面函数中对要用的全局变量必须进行说明。全局变量xl、xw与vs（ ）函数的形参xl、xw同名。全局变量都作了初始赋值，main()函数中也对xl作了初始化赋值。执行程序时，在printf( )语句中调用vs()函数，实参xl的值应为main( )中定义的xl值，等于5，全局变量xl在main( )内不起作用；实参xw的值为全局变量，其值为4，进入vs后这两个值传递给形参xl、xw，vs（ ）函数中使用的xh 为全局变量，其值为5，因此v的计算结果为100，返回主函数后输出。

【例7-19】全局变量与局部变量同名。

```
#include" stdio.h"
int y=5;
void f1( )
{    y=10;                        /*全局变量y赋值，f1中没有定义该变量*/
     printf("y=%d\n",y);
}
main( )
{    int y=3;                     /*定义局部变量y*/
     f1( );
     printf("y=%d\n",y);         /*输出的是main内的局部变量y*/
}
```

程序运行结果如下：

y=10

y=3

上例题中，在同一个程序文件中，全局变量y与main（ ）内的局部变量y同名，则在main（ ）内起局部变量优先。

7.3 变量的存储类别

变量按照作用域的不同分为局部变量和全局变量。从变量值存在的时间（即生存期）角度来分，可以分为静态存储和动态存储。所谓静态存储，是指在程序运行期间分配固定的存储空间的方式。而动态存储则是在程序运行期间根据需要进行动态的分配空间的方式。

先看一下内存中供用户使用的存储空间的情况，这个存储空间可分为3部分：

（1）程序区（放代码）

（2）静态存储区（放数据）

（3）动态存储区（放数据）

数据分别存放在静态存储区和动态存储区中。静态存储区用于存放静态型变量，这些变量在程序编译阶段就已被分配内存并一次性地进行初始化了，以后不再进行变量的初始化工作；动态存储区用于存放动态型变量，这些变量在函数调用阶段进行内存分配，函数调用结束后将自动释放其所占用的内存空间。

静态存储区存放全局变量和局部静态变量（有static说明）。

在动态存储区中存放以下数据：

（1）函数形参变量。在调用函数时给形参变量分配存储空间。

（2）局部变量（未加上static说明的局部变量，即自动变量）。

（3）函数调用时的现场保护和返回地址等。

在C语言中，对变量的存储类型说明有以下4种：

auto   自动变量

register   寄存器变量

extern　　　　　　全局变量

static　　　　　　静态变量

自动变量和寄存器变量属于动态存储方式，全局变量和静态局部变量属于静态存储方式。

7.3.1 局部变量的存储

1. 动态存储–自动变量

前面所讲的例题中函数定义的局部变量都是自动变量，只是省略了关键字auto。当函数被调用时，自动变量临时被创建于动态存储区，函数执行完毕，自动撤销。自动变量的定义格式如下：

[auto] 数据类型 变量表;

关键字auto可以省略，若省略则默认为自动变量。例如：

```
{    int i,j,k;
     char c;
     ……
}
```

等价于：

```
{    auto int i,j,k;
     auto char c;
     ……
}
```

自动变量的存储特点是：

（1）函数被调用时分配存储空间，调用结束就释放。

（2）变量定义时不初始化，它的值是不确定的。

（3）由于自动变量的作用域和生存期都局限于定义它的函数内（或复合语句），因此不同的函数中允许使用同名的变量而不会混淆。即使在函数内定义的自动变量，也可与该函数局部的复合语句中定义的自动变量同名。例7–15中表明了这种情况，再看下面例题。

【例7–20】函数局部的复合语句中定义的自动变量同名。

```
#include" stdio.h"
main( )
{    auto int a,s=50,p=50;
     scanf("%d",&a);
     if(a>0)
     {    auto int s,p;
          s=a+a;
          p=a*a;
          printf("s=%d p=%d\n",s,p);
     }
     printf("s=%d p=%d\n",s,p);
}
```

程序运行结果如下：

<u>5</u> ↙

s=10 p=25

s=50 p=50

上例题程序在main（）函数中和复合语句内两次定义了变量s、p为自动变量。按照C语言的规定，在复合语句内，应由复合语句中定义的s、p起作用，故s的值应为a+a，p的值为a*a。退出复合语句后的s、p应为main（）所定义的s、p，其值在初始化时给定，均为100。从输出结果可以分析出两个s和两个p虽变量名相同，但却是两个不同的变量。

2. **静态存储–静态局部变量**

如果我们希望局部变量的值在离开作用域后仍能保持，则将定义为静态局部变量。静态局部变量的定义格式如下：

static 数据类型 变量表；

静态局部变量存储特点是：

（1）静态局部变量属于静态存储。在程序执行过程中，即使所在函数调用结束也不释放。换句话说，在程序执行期间，静态局部变量始终存在。

（2）若定义时不初始化，初始值是0。且每次调用它们所在的函数时，不再重新赋初值，只是保留上次调用结束时的值。

通过下面的例题了解静态局部变量的特点。

【例7-21】静态局部变量和动态局部变量的比较。

```c
#include" stdio.h"
int fun(int a)
{    static int c=3;              /*定义静态局部变量c*/
     auto int b=0;               /*定义动态局部变量b*/
     b=b+1;
     c=c+1;
     return (a+b+c);
}
main( )
{    int a=2,i;
     for(i=0;i<=2;i++)
     printf("%d  ",fun(a));
}
```

程序运行结果为：

7 8 9

上例题程序的执行过程是：在main（）第一次调用函数fun（）时，b=0、c=3，函数返回值是a+b+c=2+1+4=7；由于变量c是静态局部变量，调用结束后并不释放，仍可保留4，而b是自动变量，调用结束后就释放了；第二次调用函数fun（）时，b=0、c=4（上次调用结束时的值），函数返回值是a+b+c=2+1+5=8；第三次调用函数fun（）时，b=0、c=5（上次调用结束时的值），函数返回值是a+b+c=2+1+6=9。

3. 寄存器存储–寄存器变量

一般情况下，变量的值都是存储在内存中的，为提高执行效率，C语言允许将局部变量的值存放到寄存器中，这种变量就称为寄存器变量。定义格式如下：

register 数据类型 变量表；

如：register int i；

【例7–22】求1+2+3+…+1000。

```
#include" stdio.h"
main( )
{    register long i,s=0;
     for(i=1;i<=1000;i++)
     s=s+i;
     printf("s=%ld\n",s);
}
```

程序运行结果如下：

s=500500

本程序循环1000次，i和s都将频繁使用，因此可定义为寄存器变量。

寄存器变量存储特点是：

（1）只有动态局部变量才能定义成寄存器变量，即全局变量和静态局部变量不行。

（2）允许使用的寄存器数目是有限的，不能定义任意多个寄存器变量。

7.3.2 全局变量的存储

全局变量属于静态存储方式。根据全局变量是否可以被其他程序文件中的函数使用，又把全局变量分为：静态全局变量和非静态全局变量，使用static和extern关键字来定义，当未对全局变量指定存储类别时，隐含为extern类别。

1. 静态全局变量

静态全局变量就是只允许被本程序文件中的函数访问，不允许被其他程序文件中的函数访问。定义格式为：

static 数据类型 全局变量表；

【例7–23】静态全局变量的作用域只是局限在定义它的文件。

f1.c	f2.c

static int a=2;
main（ ）
{   sub（ ）；
     Printf（"%d"，a）；
}
	extern int a；
	void sub（ ）
	{ a=a+a；
	}

上例中，文件f1.c定义了静态全局变量a，这就限制了a的作用域只是在f1.c内，即使在文件f2.c中加上对变量a的声明（extern int a；），也不能将a的作用域扩展到f2.c内，函数sub

是不能访问静态全局变量a，本程序在编译时就会报错。

2. 非静态全局变量

允许被本程序文件中的函数访问，也允许被其他程序文件中的函数访问的全局变量就是非静态全局变量。在7.2.2节介绍的全局变量就是非静态全局变量。

定义时只要省略static关键字即可，全局变量隐含为extern类别。其他源文件中的函数访问非静态全局变量时，需要在访问函数所在的源程序文件中进行声明，格式为：

extern　数据类型　全局变量表；

【例7-24】全局变量的作用域的扩展。

<table>
<tr><td align="center">f1.c</td><td align="center">f2.c</td></tr>
<tr>
<td>
<pre>
int a=2;
main ( )
{   sub ( ) ;
     Printf ("%d", a) ;
}
</pre>
</td>
<td>
<pre>
extern int a;
void sub ( )
{   a=a+a;
}
</pre>
</td>
</tr>
</table>

上例中，文件f1.c定义了全局变量a，a的作用域是在f1.c内，但其他的程序文件也可以访问它，如在文件f2.c中加上对变量a的声明（extern int a;），将a的作用域扩展到f2.c内，函数sub是能访问全局变量a。

> 注意：
>   在函数内使用extern声明变量，表示访问本程序文件中的全局变量；而函数外（通常在文件开头）的extern声明变量，表示访问其他文件中的全局变量。

静态局部变量和静态全局变量同属静态存储方式，但两者区别较大：

（1）定义的位置不同。静态局部变量在函数内定义，静态全局变量在函数外定义。

（2）作用域不同。静态局部变量属于局部变量，其作用域仅限于定义它的函数内；虽然生存期为整个源程序，但其他函数是不能使用它的。

静态全局变量在函数外定义，其作用域为定义它的源文件内；生存期为整个源程序，但其他源文件中的函数也是不能使用它的。

（3）初始化处理不同。静态局部变量，仅在第一次调用它所在的函数时被初始化，当再次调用定义它的函数时，不再初始化，而是保留上一次调用结束时的值。而静态全局变量是在函数外定义的，不存在静态局部变量的"重复"初始化问题，其当前值由最近一次给它赋值的操作决定。

7.4 内部函数和外部函数

一个C语言程序可以由多个程序文件组成，每个程序文件都可以包含若干个函数，根据函数能否被其他程序文件调用，将函数区分为内部函数和外部函数。

7.4.1 内部函数

内部函数又称静态函数，只能被本程序文件中的其他函数调用的函数，而其他程序文件中的函数不能调用。定义使用关键字static，格式如下：

　　static 类型标识符 函数名（形参表）

　　{　函数体　}

　　【例7-25】内部函数的作用域。

f1.c

```
int a=2;
main（）
{   sub（）；
    Printf（"%d"，a）；
}
```

f2.c

```
extern int a;
static void sub（）
{   a=a+a；
}
```

　　上例中，文件f2.c定义了静态函数sub()，这就限制了sub()的作用域只是在f2.c内，所以f1.c中函数调用语句sub();是错误的，编译时会报错。

7.4.2 外部函数

　　外部函数就是可以被所有程序文件调用的函数。定义时使用关键字extern，定义格式如下：

　　[extern] 类型标识符 函数名（形参表）

　　{　函数体　}

　　函数的隐含类别为extern类别。所以本节之前的定义函数全都是外部函数。

　　外部函数是否可以被其他程序随便调用呢？还不行，因为函数也有一个作用域的问题，在前面章节中的对被调用函数的原型声明，实际上就是扩展函数的作用域，要想被其他函数调用成功，还必须在其他程序文件中用函数原型对其进行声明。函数原型声明的格式如：

　　[extern] 类型标识符 函数名（形参表）；

　　【例7-26】外部函数的作用域。

f1.c

```
extern int fun1（int x）；
extern int fun2（int y）
main（）
{   int a=2,b,c;
    b=fun1（a）；
    c=fun2（a）；
    Printf（"%d,%d",b,c）；
}
}
```

f2.c

```
int fun1（int x）；
{
    return x+1;
}
extern int fun2（int y）；
{
    return y*y;
}
```

　　上例中程序文件f2.c中定义的函数fun1、fun2都是外部函数，在文件f1.c中调用外部函数fun1、fun2，要进行函数原型声明。但是，Turbo C2.0中，主函数调用其他文件中的外部函数可以不加外部函数声明，上例中文件f1.c中函数声明的两条语句可以省略。

7.4.3 多文件编译

大型的软件开发往往由多人进行，且源程序代码量非常大，为便于合作和管理，通常把源代码放在多个文件中，编译时分别进行，最后把目标文件联结成可执行文件。

这里要注意的是编译的过程中每一个源程序文件都要对应地生成一个目标文件，它的扩展名为obj。函数代码放在目标文件中，可以被其他的语言所调用，同样，C程序也可调用其他语言生成的目标文件中的函数。目标文件中存放数据、变量和函数代码，只是它们在内存中的存储位置不确定。联结程序作的工作就是安排所有目标文件中的数据与函数代码，把存储位置确定下来，便于函数间的相互调用。

1. 用TC集成环境–项目工程文件

运行例7-26的程序的步骤如下：

（1）先后输入并编辑2个程序文件，并分别保存为f1.c、f2.c。

（2）在编译状态下，建立一个项目文件，它不包含任何程序语句，只是包括组成程序的所有文件名，即f1.c、f2.c。2个文件任意顺序，可以连续写在一行上f1.c f2.c，如若这些文件不在当前目录下，要指出路径。

（3）将以上内容存盘，项目文件的扩展名为prj，如f3．prj。然后选择菜单："Project"→"Project name"，输入项目文件的名字。

（4）使用功能键F9编译。

（5）使用Ctrl+F9运行程序。

2. 使用#include命令

将文件f2.c的内容包含到文件f1.c中，在文件f1.c的开头加上下面的语句：

#include"f2.c"

这样在编译时，系统会自动将2个文件作为一个整体进行编译。main中原有的extern声明可以省略。

7.5 程序设计举例

【例7-27】计算s=1！+2！+3！+4！+5！

```
#include" stdio.h"
long f1(int n)
{    long m=1;
     int i;
     for(i=1;i<=n;i++)
        m=m*i;
     return m;
}
main( )
{    int i;
     long s=0;
     for(i=1;i<=5;i++)
```

```
        s=s+f1(i);
    printf("\ns=%ld\n",s);
}
```

程序运行结果如下：

s=153

【例7-28】编写函数求X的Y次幂。

```
#include"stdio.h"
double fun(double x,int y)
{    if(y==1)  return x;
    else return x*fun(x,y-1);
}
main( )
{    double x;
    int y;
    scanf("%lf,%d",&x,&y);
    printf("x^y=%.2lf",fun(x,y));
}
```

程序运行结果如下：

<u>3.5，2</u> ↓

x^y=12.25

【例7-29】编写函数用选择法将一个数组排成升序。

```
#include"stdio.h"
void sort(int b[10])
{    int i,j,k,t;
    for(i=0;i<9;i++)
    {    k=i;
        for(j=i+1;j<9;j++)
            if(b[j]<b[k])  k=j;
        if(k!=i)
        {t=b[k];b[k]=b[i];b[i]=t;}
    }
}
main( )
{    int i,k,a[10];
    for(i=0;i<10;i++)
    scanf("%d",&a[i]);
    sort(a);
    for(i=0;i<10;i++)
```

```
        printf("%d ",a[i]);
}
```

程序运行结果如下：

<u>1 2 5 4 3 7 6 8 10 9</u> ↙

1 2 3 4 5 6 7 8 9 10

【例7-30】编写函数求二维数组（4×4）的转置矩阵，即行列互换。

```
#include" stdio.h"
#define N 4
int a[N][N];
void fun(a)
int a[4][4];
{   int i,j,t;
    for (i=0;i<N;i++)
    for (j=i+1;j<N;j++)
    {
        t=a[i][j]; a[i][j]=a[j][i]; a[j][i]=t;
    }
}
main( )
{   int i,j;
    for(i=0;i<N;i++)
    for(j=0;j<N;j++)
        scanf("%d",&a[i][j]);
    fun(a);
    for(i=0;i<N;i++)
    {
        for(j=0;j<N;j++)
            printf("%5d",a[i][j]);
        printf("\n");
    }
}
```

程序运行结果如下：

<u>1 2 3 4 5 6 7 8 9 10 11 12 13 14 15 16</u> ↙

```
1    5    9   13
2    6   10   14
3    7   11   15
4    8   12   16
```

【例7-31】编写函数统计字符串中字母的个数。

```
#include"stdio.h"
int fun(char c)
{ if(c>='a'&& c<='z' || c>='A' && c<='Z')
    return(1);
  else  return(0);
}
main( )
{    int i,num=0;
    char str[255];
    gets(str);
    for(i=0;str[i]!='\0';i++)
    if(fun(str[i])) num++;
    puts(str);
  printf("num=%d\n",num);
}
```

程序运行结果如下：

1234abcd456 ↓

num=4

【例7-32】编写判断素数的函数，求high以内的所有素数之和。

判断素数的算法，我们在以前学习循环的时候已经学过了，在这里只是把这个算法用函数的形式表示出来。

```
#include" stdio.h"
#include"math.h"
int fun(int m)                    /*此函数用于判别素数*/
{    int f=1,i,k;
    k=sqrt(m);
    for(i=2;i<=k;i++)
    if(m%i==0)   break;
    if(i>=k+1)f=1;
    else f=0;
    return   f;
}
main( )
{    int high,i;
    long s=0;
    scanf("%d",& high);
    for(i=1;i<=high;i++)
    if(fun(i)==1) s=s+i;
```

```
        printf("s=%d",s);
}
```

程序运行结果如下：

50 ↙

s=329

【例7-33】编写函数计算某两个自然数之间所有自然数的和，主函数调用求1~50；50~100的和。

```
#include" stdio.h"
int fun(int a,int b)
{    int i;
     int sum=0;
     for(i=a;i<=b;i++)
        sum+=i;
     return sum;
}
main( )
{    printf("%d\n",fun(50,100));
     printf("%d\n",fun(1,50));
}
```

程序运行结果如下：

3825

1275

【例7-34】编写两个函数，分别求两个正数的最大公约数和最小公倍数，用主函数调用这两个函数并输出结果。两个正数由键盘输入。

```
#include"stdio.h"
hcf(int u,int v)                 /*求最大公约数*/
{    int a,b,t,r;
     if(u>v)
        {    t=u; u=v; v=t;
        }
     a=u;b=v;
     while((r=b%a)!=0)
     {
        b=a; a=r;
     }
     return(a);
}
Lcd(int u,int v,int h)           /*求最小公倍数*/
```

```
{    return(u*v/h);
}
main( )
{    int u,v,h,l;
     scanf("%d,%d",&u,&v);
     h=hcf(u,v);
     l=Lcd(u,v,h);
     printf("%d,%d\n",h,l);
}
```

【例7-35】编写程序：已知某个学生5门课程的成绩，求平均成绩。

```
#include" stdio.h"
float aver(float a[ ])
{    int i;
     float av,s=a[0];
     for(i=1;i<5;i++)
         s=s+a[i];
     av=s/5;
     return av;
}
main( )
{    float sco[5],av;
     int i;
     for(i=0;i<5;i++)
         scanf("%f",&sco[i]);
     av=aver(sco);
     printf("average score is %5.2f\n",av);
}
```

7.6 二级真题解析

一、选择题

（1）以下叙述错误的是（   ）。

A. 用户定义的函数中可以没有return语句

B. 用户定义的函数中可以有多个return语句，以便可以调用一次就返回多个函数值

C. 用户定义的函数中若没有return语句，则应当定义函数为void类型

D. 函数的return语句中可以没有表达式

【答案】B

【解析】在函数中可以有多个return语句。但每次调用只能有一个return语句被

执行，所以只能返回一个函数值。

（2）下面的函数调用语句中func函数的实参个数是（　　）。

func(f2(v1,v2),(v3,v4,v5),(v6,max(v7,v8)));

A. 3　　　　　　　B. 4　　　　　　　C. 5　　　　　　　D. 8

【答案】A

【解析】C语言函数定义中，参数列表之间使用逗号分隔。该题目中func函数的参数列表中使用两个逗号，将3个参数分隔开。

（3）有以下程序：

```
#include<stdio.h>
int fun(int x,int y)
{   if(x==y) return(x);
    else return((x+y)/2);
}
main( )
{   int a=4,b=5,c=6;
    Printf("%d\n",fun(2*a,fun(b,c)));
}
```

程序运行后的输出结果是（　　）。

A. 3　　　　　　　B. 6　　　　　　　C. 8　　　　　　　D. 12

【答案】B

【解析】该题目中函数fun的功能是两个整数的平均值，返回值仍为整数。5和6的平均值取整后是5，8和5的平均值取整后是6。

（4）设有以下函数的定义：

```
int fun(int k)
{   if(k<1) return 0;
    else if(k==1) return 1;
    else   return fun(k-1)+1;
}
```

若执行调用语句：n=fun(3);，则函数fun总共被调用的次数是（　　）。

A. 2　　　　　　　B. 3　　　　　　　C. 4　　　　　　　D. 5

【答案】B

【解析】该题目中考查了递归调用，当执行调用语句n=fun(3)时，返回n=fun(2)+1，再执行fun(2)，返回n=fun(1)+1+1，而fun(1)的值时1，所以n的值是3。函数fun共被调用了3次。

（5）在一个C源程序文件中所定义的全局变量，其作用域为（　　）。

A. 所在文件的全部范围　　　　　B. 所在程序的全部范围

C. 所在函数的全部范围　　　　　D. 由具体定义位置和extern说明来决定范围

【答案】D

【解析】全局变量是在函数体外定义的，它的作用域是从定义位置点开始到本程序文件结束。对于多文件构成的程序，若使用extern来声明全局变量，则可以在一个文件中引用另一个文件中的全局变量。

（6）有以下程序：

```
#include<stdio.h>
#include<string.h>
struct A
{int a; char b[10]; double c;}
void f(struct A t);
main( )
{    struct A a={1001,"zhangDa",1098.0};
     f(a);
     printf("%d,%s,%6.1f\n",a.a,a.b,a.c);
}
void f(struct A t)
{    t.a=1002;strcpy(t.b,"changhong";t.c=1202.0; }
}
```

程序运行后的输出结果是（   ）。

A. 1001, zhangDa ,1098.0   B. 1002, changhong, 1202.0

C. 1001, changhong ,1098.0   D. 1002, zhangDa, 1202.0

【答案】A

【解析】该题目中函数f的调用中参数的传递方式为值传递。

（7）有以下程序：

```
#include<stdio.h>
void fun(int *a,int n)
{    int i,j,t
     for(i=0;i<n-1;i++)
     for(j=i+1;j<n;j++)
        if(a[i]<a[j]){t= a[i]; a[i]= a[j]; a[j]=t;}
}
main( )
{    int c[10]={1,2,3,4,5,6,7,8,9,0},i;
     fun(c+4,6)
     for(i=0;i<10;i++) printf("%d,",c[i]);
     printf("\n");
}
```

程序运行后的输出结果是（　　　）。

A. 1,2,3,4,5,6,7,8,9,0　　　　B. 0,9,8,7,6,5,1,2,3,4

C. 0,9,8,7,6,5,4,3,2,1　　　　D. 1,2,3,4, 9,8,7,6,5,0

【答案】D

【解析】该题目中函数fun的功能是对数组进行排序，但是函数调用中的实参是c+4和6，函数是对数组C的第五个元素开始的6个元素进行从大到小排序。

二、填空题

（1）以下程序的输出结果是（　　　）。

```
#include<stdio.h>
void fun(int x)
{    if(x/2>0) fun(x/2);
     printf("%d\n",x);
}
main( )
{    fun(3);printf("\n");}
```

【答案】1　　3

【解析】依次执行fun(6)，fun(3)，fun(1)，当执行fun(6)时调用fun(3)，当执行fun(3)时调用fun(1)。

（2）有以下程序：

```
#include<stdio.h>
#include<string.h>
void fun(char *str)
{    char temp;int n,i;
     n=strlen(str);
     temp=str[n-1];
     for(i=n-1;i>0;i--)str[i]= str[i-1];
     str[0]=temp;
}
main( )
{    char s[50];
     Scanf("%s",s); fun(s);   printf("%s\n",s);
}
```

程序运行时输入abcdef<回车>，则输出结果是（　　　）。

【答案】fabcde

【解析】在函数fun中，先求字符串的长度，并将最后一个字符暂时存到temp中，然后使用循环将所有字符向右移动一个位置。最后将temp中的字符放到字符串的第一个位置。

7.7 习题

一、判断题

（1）C语言所有函数都是外部函数。（　　　）

（2）在C语言中，程序总是从第一个函数开始执行，最后一个函数结束。（　　　）

（3）C语言中，若对函数的类型未加显示说明，则函数的类型是不确定的。（　　　）

（4）如果被调用函数的定义出现在主调函数之前，可以不必加以声明。（　　　）

（5）若一个函数中没有return语句，则意味着该函数没有返回值。（　　　）

（6）当函数的类型与return语句后表达式值的类型不一致时，函数返回值的类型由return语句后表达式值的类型决定。（　　　）

（7）如果函数值的类型和return语句中表达式的值不一致，则以函数类型为准。

（8）在C语言中，所有的函数均可相互调用。（　　　）

（9）C程序中有调用关系的所有函数必须放在同一个源程序文件中。（　　　）

（10）在主调函数中，必须要对被调用函数进行类型说明，否则在编译时会出现错误。（　　　）

（11）函数调用时，要求实参与形参的个数必须一致，对应类型一致。（　　　）

（12）在C语言中，主函数可以调用其他函数，同时，其他函数也可以调用主函数。（　　　）

（13）某些情况下，在主调函数中可以缺省对被调用函数的说明。（　　　）

（14）C语言中，只允许直接递归调用而不允许间接递归调用。（　　　）

（15）在C语言中，不允许函数嵌套定义，但函数可以嵌套调用。（　　　）

（16）在C程序中，函数既可以嵌套定义，也可以嵌套调用。（　　　）

（17）数组名和函数名均可以作为函数的实参和形参。（　　　）

（18）数组名作为函数调用时的实参，实际上传递给形参的是数组全部元素的值。（　　　）

（19）数组名可作为函数的实参，但不能作为函数的形参。（　　　）

（20）没有初始化的数值型静态局部变量的初值系统均默认为0。（　　　）

（21）在一个函数中定义的静态局部变量不能被另外一个函数所调用。（　　　）

（22）每次调用函数时，都要对静态局部变量重新进行初始化。（　　　）

（23）函数调用结束后，静态局部变量所占用的空间被释放。（　　　）

（24）若在程序某处定义了某全局变量，但不是程序中的所有函数中都可使用它。（　　　）

二、选择题

（1）函数定义时的参数为形参，调用函数时所用的参数为实参，则下列描述正确的是（　　　）。

A. 实参与形参是双向传递　　　　B. 形参可以是表达式

C. 形参和实参可以同名　　　　　D. 实参类型一定要在调用时指定

（2）以下叙述错误的是（　　　）。

A. 函数调用可以出现在一个表达式中　　B. 函数调用可以作为一个函数的形参

C. 函数调用可以作为一个函数的实参　　D. 函数允许递归调用

（3）用户定义的函数不可以调用的函数是（　　　）。

A. 本文件外的　　　　　　　　　B. 本函数下面定义的

C. 非整型返回值的　　　　　　　D. main函数

（4）以下正确的说法是（　　　）。

A. 用户若需调用标准库函数，调用前不必使用预编译命令将该函数所在文件包括
　　到用户源文件中，系统自动去调

B. 用户若需调用标准库函数，调用前必须重新定义

C. 系统根本不允许用户重新定义标准库函数

D. 用户可以重新定义标准库函数，若如此，该函数将失去原有含义

（5）在所有函数之前，定义一个外部变量的形式为static　int　x；那么错误的叙述是（　　　）。

A. x的值不可以永久保留　　　　　B. 将变量存放在静态存储区

C. 使变量x可以由系统自动初始化为0　　D. 使x只能被本文件中的函数引用

（6）以下程序的输出结果是（　　　）。

```
void  fun(int  a, int   b, int   c)
{   a=456; b=567; c=678;  }
main()
{   int   x=10, y=20, z=30;
    fun(x, y, z);
    printf("%d,%d,%d\n", z, y, x);
}
```

A. 10,20,30　　　B. 678567456　　　C. 30,20,10　　　D. 456567678

（7）下面程序的输出结果是（　　　）。

```
main()
{   int i=2, p;
    p=f(i,i+1);
    printf("%d", p);
}
int f(int a, int b)
{   int c;
    c=a;
    if(a>b)  c=1;
```

```
    else if( a= =b)  c=0;
    else  c=-1;
    return  c;
}
```

A. 0   B. -1   C. 2   D. 1

（8）程序运行结束后，屏幕上输出值为（　　）。

```
static   int  x=10;
main( )
{   int x=3;
    f( );
    x- -;
    printf("%d",x);
}
f( )
{   x++;  }
```

三、程序分析题

（1）有如下程序：

```
long  fib(int  n)
{   if(n>2)  return(fib(n-1)+fib(n-2));
    else  return(2);
}
main( )
{   printf("%d\n",fib(3));
}
```

该程序的输出结果是（　　）。

（2）程序执行后，变量w中的值是（　　）。

```
int fun1(double a)
{   return a*=a;}
int fun2(double x, double y)
{   double a=0, b=0;
    a=fun1(x);
    b=fun1(y);
    return(int)(a+b);
}
main( )
{   double w;
    w=fun2(1.1, 2.0);
```

```
      ……
}
```

（3）下面程序的运行结果是（　　　　）。

```
int m=4,n=6;
max(int x,int y)
{   int max;
    max=x>y?x:y;
    return(max);
}
main( )
{   int m=10;
    printf("%d\n",max(m,n));
}
```

（4）下面程序的运行结果是（　　　　）。

```
fun(int p)
{   int k=1;
    static t=2;
    k=k+1;
    t=t+1;
    return(p*k*t);
}
main( )
{   int x=4;
    fun(x);
    printf("%d\n",fun(x));
}
```

（5）以下程序的运行结果是（　　　　）。

```
#include"stdio.h"
int a=100;
fun( )
{   int a=10;
    printf("%d,",a);
}
main( )
{   printf("%d,",a++);
    {int a=30;
    printf("%d,",a);
```

```
    }
    fun();
    printf("%d",a);
}
```

（6）当运行以下程序时，输入abcd，程序的输出结果是（　　　）。

```
insert(char str[])
{   int i;
    i=strlen(str);
    while(i>0)
    {   str[2*i]=str[i];
        Str[2*i-1]= '*';
        i--;}
    printf("%s\n",str);
}
main( )
{   char str[40];
    scanf("%s",str);
    insert(str);
}
```

（7）下述程序的运行结果是（　　　）。

```
#include"stdio.h"
void fun(int x)
{   putchar('0'+(x%10));
    fun(x/10);
}
main( )
{   printf("\n");
    fun(1234);
}
```

（8）下面程序的运行结果是（　　　）。

```
int a=1,k=10;
fun(int x,int y)
{   static int m=1;
    m=m+a;
    return(m+x*y);
}
main( )
```

```
{    int a=5,b;
     b=fun(a,k);
     b=fun(a,k);
     printf("%d",b);
}
```

（9）以下程序的输出结果是（   ）。

```
int   m=13;
int   fun2(int x,int y)
{    int   m=3;
     retur n(x*y−m);
}
main(  )
{    int   a=7,b=5;
     printf("%\n",fun2(a,b)/m);
}
```

（10）下列程序执行后输出的结果是（   ）。

```
fun(char p[][10])
{    int n=0,  i;
     for(i=0;i<7;i++)
         if(p[i][0]== 'T ')n++;
     return n;
}
main(  )
{    char str[][10]={"Mon","Tue","Wed","Thu","Fri","Sat","Sun"};
     printf("%d\n",fun(str));
}
```

四、填空题

（1）C语言中一个函数由函数首部和_____两部分组成。

（2）如果函数不要求返回值，可用_____来定义函数为空类型。

（3）函数调用语句func((e1,e2),(e3,e4,e5))中含有_____个实参。

（4）从函数的形式上看，函数分为无参函数和_____两种类型。

（5）函数调用时的实参和形参之间的数据是单向的_____传递。

（6）函数的_____调用是一个函数直接或间接地调用它自身。

（7）静态变量和外部变量的初始化是在_____阶段完成的，而自动变量的赋值是在_____时进行的。

（8）计算10个学生1门功课的平均成绩。

```
float average(float array[10])
```

```
{   int i;
    float aver,sum=array[0];
    for(i=1;i<=9;i++)
      sum=_____;
    aver=sum/10 ;
    return( aver ) ;
}
main( )
{   float score[10],aver;
    int i;
    for(i=0;i<10;i++)
      scanf("%f",&score[i]);
    aver=_____;
    printf("%f", aver);
}
```

（9）程序的功能是求一个n!（n的阶乘）的值。

```
#include"stdio.h"
unsigned long fun(int n);
main( )
{   int m;
    scanf("%d", &m);
    printf("%d!=%ld\n", m, fun(m));
}
unsigned long fun(int n)
{
  unsigned long p;
  if(n>1)
    p=_____;
  else
    p=1L;
  return(p);
}
```

（10）函数fun( )用于求一个3*4矩阵中最小元素。

```
fun(int  a[ ][4])
{   int i,j,k,min;
    min=a[0][0];
    for(i=0;i<3;i++)
```

```
    for(j=0;j<4;j++)
        if(_____)
            min=a[i][j];
    return(min);
}
```

五、编程题

（1）写一个判断素数的函数，在主函数输入一个整数，输出是否素数的信息。

（2）编写函数计算 $1-\dfrac{1}{3}+\dfrac{1}{5}-\dfrac{1}{7}\cdots+(-1)^n*\dfrac{1}{2n+1}$，用主函数调用它。

（3）将一个字符串中另一个字符串中出现的字符删除。

（4）用牛顿迭代法求根。方程为 $ax^3+bx^2+cx+d=0$，系数a、b、c、d由主函数输入。求x在1附近的一个实根。求出根后，由主函数输出。

（5）某班有5个学生，3门课。分别编写3个函数实现以下要求：

①求各门课的平均分；

②找出有两门以上不及格的学生，并输出其学号和不及格课程的成绩；

③找出三门课平均成绩在85~90分的学生，并输出其学号和姓名。

主程序输入5个学生的成绩，然后调用上述函数输出结果。

第8章 指针

指针是C语言中广泛使用的一种数据类型。运用指针编程是C语言最主要的风格之一。利用指针变量可以表示各种数据结构；能很方便地使用数组和字符串，并能像汇编语言一样处理内存地址，从而编出精练而高效的程序。指针极大地丰富了C语言的功能。学习指针是学习C语言中最重要的一环，能否正确理解和使用指针是我们是否掌握C语言的一个标志。同时，指针也是C语言中最为困难的一部分，在学习中除了要正确理解基本概念，还必须要多编程，上机调试。只要做到这些，指针也是不难掌握的。

8.1 地址和指针的概念

8.1.1 地址的概念

计算机硬件系统的内部存储器（简称内存）中拥有大量的存储单元。为了方便管理这些大量的存储单元，必须为每一个存储单元编号，这个编号就是存储单元的地址。每个存储单元都有一个唯一的地址，根据这个唯一的地址可以准确地找到该存储单元。计算机中所有的数据都存放在内存单元中，不同的数据类型所占用的存储单元大小个数不同。

例如在Turboc2中，整型数据通常占2个字节，字符型数据占1个字节。如图8-1所示。

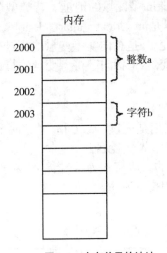

图8-1 内存单元的地址

8.1.2 指针的概念

如图8-1所示的第一个存储单元的地址是2000。在C语言中，函数变量、常量、数组、结构体通常占用连续多个存储单元，其地址为最前面存储单元的地址，即首地址，以后就称为"地址"。在C语言中，地址就称为指针。我们以整型变量a为例，假设整型变量占两个字节，变量a占有2000、2001两个连续的存储单元，则最前面的存储单元的地址2000就是变量a的地址，也是变量a的指针。在计算机中，数据是通过数据总线传输的。要把数据准确地输入到内存储器中，必须知道存储单元的地址，即通过地址找到存储单元，此过程称为"寻址"。这就如同我们将报纸投送到报箱中，而每个报箱都有报箱号一样。只有知道报箱号（地址），才能将报纸（数据）投送到正确的报箱中。在计算机中寻址是由计算机地址总线自动完成的，地址相当于目的存储单元的"指向标"，形象地将地址称为"指针"。

在C语言中，访问变量可以通过变量名直接存取变量的值，叫做"直接访问"，就是前几章所使用的访问变量方法。在这一章中我们有了变量的指针，就可以通过变量的指针间接存取变量的值。称为"间接访问"。

8.2 指针变量

指针变量，即专门用来存放内存地址的变量。它是一种特殊的变量，其特殊之处就在于特的变量值是地址。而一般的变量值是普通的数据。

8.2.1 指针变量的定义

C语言规定所有的变量在使用前都要定义，指针变量也不例外。其语法格式为：

类型名 *指针变量名；

例如：int *p,*q;

以上调用中p,q都是用户标识符。每个变量前面的星号（*）是一个说明符，用来说明该变量是一个指针变量。Int是类型名，类型名是指指针变量所存放地址相对应变量的类型。

例如，p,q指针变量只能存储int型变量的地址。若类型名为float的指针变量，只能存贮float型变量的地址。类型名可以是int、float、char、double、long等。

float *a;　　　　　　/*定义变量a是指向实型变量的指针变量*/

char *s;　　　　　　 /*定义变量s是指向字符型变量的指针变量*/

8.2.2 指针变量的引用

在C语言中对指针变量的引用是通过"&"和"*"两个运算实现的。其中"&"是取地址符运算符，它的一般格式为：&变量名。

"*"是取指针运算符，它的一般格式为：*指针变量名。

如图8-2所示，定义变量a和指针变量p。

int a=5,*p=&a;

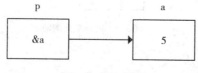

图8-2　指针变量

变量a为整型，p为指针，其类型名为整型，即只能存放整型变量的指针。p存放变量a的地址&a，我们就形象地说p指向a，或者说指针变量指向哪个变量，其含义就是指针变量存放着该变量的指针（地址）。

为了表示指针变量和它所指向的变量之间的关系，在程序中用"*"符号表示"指向"，如图8-2中，p代表指针变量，而*p是p所指向的变量。

因此，下面两个语句作用相同：

a=3;

* p=3;

第二个语句的含义是将3赋给指针变量p所指向的变量。

【例8-1】指针变量的引用。

```c
#include"stdio.h "
main( )
{    int *p1,*p2,a,b;
     float * p3,c,d;
     a=b=2;
     c=d=a+b;
     p1=&a;p2=&b; p3=&c;
     *p1=3;*p2=4;
     *p3=*p1+*p2;
     printf("%d,%d\n",a,*p1);
     printf("%d,%d\n",b,*p2);
     printf("%f,%f\n",c,d);
}
```

程序运行结果如下：

3，3

4，4

7.000000，4.000000

程序第一行、第二行为变量定义语句，即非执行语句，在程序编译阶段完成。其中的"*"是一个标志，标志后的p1,p2, p3为指针变量。第三行及以下均为可执行语句，在程序运行阶段完成的。p1存放a的指针，即p1指向a，同理，p2指向b。*p1中的"*"为间接访问p1指向的变量，由于p1指向a.，因此*p1为间接访问变量a，即*p1与a等价。a的值原来等于2，现在"*p1=3；"，等价于"a=3；"，故a的值为3。同理，b的值原来为2，现在为4。基类型为实型的指针p3指向实型变量c，则* p3与c等价，其等于*p1与*p2的和，也就是a与b的和，其值为7。

【例8-2】输入a,b两个整数，通过指针的方法，降序输出a,b。

```c
#include"stdio.h"
main( )
{    int *pa,*pb,*p,a,b;
     pa=&a;pb=&b;
     scanf("%d%d",pa,pb);
     if(a<b)
     {    p=pa;pa=pb;pb=p;}
     printf("%d,%d\n",*pa,*pb);
}
```

程序运行结果如下：

运行1输入：3　5

　　　　　输出：5, 3

运行2输入：6　2

　　　　　输出：6, 2

指针变量同普通变量一样，使用之前不仅要定义说明，而且必须赋予具体的值。未经赋值的指针变量不能使用，否则将造成系统混乱，甚至死机。指针变量的赋值只能赋予地址，决不能赋予任何其他数据，否则将引起错误。在C语言中，变量的地址是由编译系统分配的，对用户完全透明，用户不知道变量的具体地址。

8.2.3 指针变量的初始化

设有指向整型变量的指针变量p，如要把整型变量a的地址赋予p，可以有以下两种方式：

（1）指针变量初始化的方法。

int a;

int *p=&a;

（2）赋值语句的方法。

int a;

int *p;

p=&a;

不允许把一个数赋予指针变量，故下面的赋值是错误的：

int *p;

p=1000;

被赋值的指针变量前不能再加"*"说明符，如写为*p=&a也是错误的。

假设：

int i=100, x;

int *ip;

我们定义了两个整型变量i,x,还定义了一个指向整型数的指针变量ip。i,x中可存放整数，而ip中只能存放整型变量的地址。我们可以把i的地址赋给ip：ip=&i;

此时指针变量ip指向整型变量i，假设变量i的地址为2000，这个赋值可理解为：ip的值是2000。以后我们便可以通过指针变量ip间接访问变量i，例如：

x=*ip;

运算符*访问以ip为地址的存贮区域，而ip中存放的是变量i的地址，因此，*ip访问的是地址为2000的存贮区域（因为是整数，实际上是从2000开始的两个字节），它就是i所占用的存贮区域，所以上面的赋值表达式等价于：

x=i;

另外，指针变量和一般变量一样，存放在它们之中的值是可以改变的，也就是说，可以改变它们的指向，假设int i,j,*p1,*p2;

i='a';

j='b';

p1=&i;

p2=&j;

这时赋值表达式:

p2=p1

就使 p2 与 p1 指向同一对象 i, 此时*p2 就等价于 i, 而不是 j。

如果执行如下表达式:

*p2=*p1;

则表示把 p1 指向的内容赋给 p2 所指的区域。

通过指针访问它所指向的一个变量是以间接访问的形式进行的, 所以比直接访问一个变量要费时间, 而且不直观, 因为通过指针要访问哪一个变量, 取决于指针的值(即指向), 例如"*p2=*p1;"实际上就是"j=i;", 前者不仅速度慢, 而且目的不明。

但由于指针是变量, 我们可以通过改变它们的指向, 以间接访问不同的变量, 这给程序员带来灵活性, 也使程序代码编写得更为简洁和有效。

指针变量可出现在表达式中, 设 int x,y,*px=&x;指针变量 px 指向整数 x, 则*px 可出现在 x 能出现的任何地方。例如:

y=*px+5; /*表示把x 的内容加 5 并赋给 y*/

y=++*px; /*px 的内容加上 1 之后赋给 y, ++*px相当于++(*px)*/

y=*px++; /*相当于 y=*px; px++*/

考虑(px)++和pointer_1++的区别?

8.2.4 指针变量作为函数参数

前面讲过, 普通变量作为函数的参数时为单向值传递, 即实参的值传递给形参, 但形参值的改变不会影响实参。如果形参为指针变量, 相对应的实参必须是变量的指针(地址)。变量的地址由调用程序的实参传递给被调用程序的形参, 那么形参、实参的地址值是相等的, 即形参、实参指向同一个变量, 这时参数传递是地址传递, 形参值的改变会影响实参。

【例8-3】输入两个实数, 通过子函数的方法, 将这两个实数由小到大排序。

```c
#include"stdio.h"
void swap(float *p1,float*p2)
{    float t;
     t=*p1;*p1=*p2;*p2=t;
}
main( )
{    float a,b;
     scanf("%f%f",&a,&b);
     if(a>b)
         swap(&a,&b);
     printf("%f,%f\n",a,b);
}
```

主函数中调用子函数swap, 但该函数的实参是&a、&b(a,b变量的地址), 传递给两个形参p1、p2(指针变量)。注意, 形参的定义中"*"为定义形参指针变量p1、p2的标志，而不是运算符。参数传递如图8-3所示。

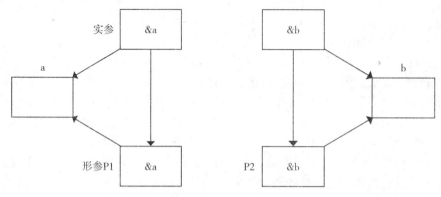

图8-3　swap函数实参、形参传递图

实参&a传递给形参p1，实参&b传递给形参p2，即p1的值为&a，p2的值为&b，由图可知p1指向a，p2指向b，则*p1与变量a 等价，*p2与变量b 等价。子函数的第二行三条语句的功能为*p1与*p2值互换，等价于变量a与变量b互换。子函数遇到"}"返回主函数后，由于a与b的值已互换，显然a的值小于b，输出的值由小到大。

指针变量作为子函数的形参，相对应的实参为主函数某个变量的指针（地址）。主函数调用子函数时，实参的指针值传送给形参，则实参、形参指向主函数中的同一变量，通过形参可以间接访问主函数的变量。在子函数中通过间接访问改变该变量的值，返回主函数后该变量值的变化得以保留。要实现变量在主函数和子函数中的双向传递，可以将变量的地址作为主函数调用语句的实参，指针变量作为子函数形参。函数调用时，实参的值传递给形参，形参指向了主函数中的变量，在子函数中就可通过形参间接访问主函数中的变量，从而实现该变量的双向传递。

8.3 数组与指针

一个变量有一个地址，一个数组包含若干元素，每个数组元素都在内存中占用存储单元，它们都有相应的地址。所谓数组的指针，是指数组的起始地址，数组元素的指针是数组元素的地址。

8.3.1 指向数组元素的指针

一个数组是由连续的一块内存单元组成的。数组名就是这块连续内存单元的首地址。一个数组也是由各个数组元素（下标变量）组成的。每个数组元素按其类型不同占有几个连续的内存单元。一个数组元素的首地址也是指它所占有的几个内存单元的首地址。

定义一个指向数组元素的指针变量的方法，与以前介绍的指针变量相同。例如：

int a[10];　/*定义 a 为包含10 个整型数据的数组*/

int *p;　　/*定义p为指向整型变量的指针*/

应当注意，因为数组为 int 型，所以指针变量也应为指向 int型的指针变量。下面是对指针变量赋值：

p=&a[0];

把 a[0]元素的地址赋给指针变量 p。也就是说，p指向 a 数组的第 0 号元素。

C 语言规定，数组名代表数组的首地址，也就是第 0 号元素的地址。因此，下面两个语句等价：

p=&a[0];

p=a;

在定义指针变量时可以赋给初值：

int *p=&a[0];

它等效于：

int *p;

p=&a[0];

当然定义时也可以写成：

int *p=a;

从图8-4中我们可以看出有以下关系：

p，a，&a[0]均指向同一单元，它们是数组 a的首地址，也是 0 号元素 a[0]的首地址。应该说明的是 p 是变量，而 a，&a[0]都是常量。在编程时应予以注意。

数组元素a[0]的指针（地址）为a，数组a[1]的地址就是a+1，数组a[2]的地址为a+2，数组a[9]的地址为a+9。这里a+1并不是指地址a加上一个存储单元，而是指加上一个数组元素所占的存储单元。C语言中，指针加1，是由系统根据该指针的基类型，自动加上一个基类型变量所需的存储单元个数，这里的1不要认为是一个字节的存储单元，而是一个基类型量占用的存储空间。注意，由于数组名a为常量，所以"a++；"是不允许的。

8.3.2 通过指针引用数组元素

C 语言规定，如果指针变量 p 已指向数组中的一个元素，则 p+1 指向同一数组中的下一个元素。引入指针变量后，就可以用两种方法来访问数组元素了。

如果 p 的初值为&a[0],则：

（1）p+i 和a+i 就是 a[i]的地址，或者说它们指向 a数组的第i个元素。

（2）*(p+i)或*(a+i)就是p+i或a+i所指向的数组元素，即a[i]。例如，*(p+5)或*(a+5)就是a[5]。

（3）指向数组的指针变量也可以带下标，如 p[i]与*(p+i)等价。引用一个数组元素可以用：

① 下标法，即用 a[i]形式访问数组元素。在前面介绍数组时都是采用这种方法。

② 指针法，即采用*(a+i)或*(p+i)形式，用间接访问的方法来访问数组元素，其中 a是数组名，p是指向数组的指针变量，其处值 p=a。

一般地，a[n]与*（a+n）完全等价，其中n为数组元素的下标。注意，下标n不能超界。

【例8-4】通过数组名，输入数组，然后按逆序输出数组。

```
#include "stdio.h"
main( )
{    int  a[10],i;
     for(i=0;i<10;i++)
```

图8-4　一维数组

```
        scanf("%d",a+i);
    for(i=9;i>=0;i--)
        printf("%d ",*(a+i));
}
```

【例8-5】用指针变量，输入数组，然后按逆序输出。

```
#include "stdio.h"
main( )
{    int a[10],i,*p;
    for(p=a,i=0;i<10;i++)
        scanf("%d",p++);
    for(p=a+9;p>=a;p--)
        printf("%d ",*p);
}
```

几个要注意的问题：

（1）指针变量可以实现本身的值的改变。如 p++是合法的；而 a++是错误的。因为 a 是数组名，它是数组的首地址，是常量。

（2）要注意指针变量的当前值。请看下面的程序。

【例8-6】找出错误。

```
#include "stdio.h"
main( )
{    int *p,i,a[10];
    p=a;
    for(i=0;i<10;i++)
        *p++=i;
    for(i=0;i<10;i++)
        printf("a[%d]=%d\n",i,*p++);
}
```

【例8-7】改正。

```
#include "stdio.h"
main( )
{    int *p,i,a[10];
    p=a;
    for(i=0;i<10;i++)
        *p++=i;
    p=a;
    for(i=0;i<10;i++)
```

```
        printf("a[%d]=%d\n",i,*p++);
}
```

从上例可以看出，虽然定义数组时指定它包含 10 个元素，但指针变量可以指到数组以后的内存单元，系统并不认为非法。

（1）*p++，由于++和*同优先级，结合方向自右而左，等价于*(p++)。

（2）*(p++)与*(++p)作用不同。若 p 的初值为 a，则*(p++)等价a[0]，*(++p)等价a[1]。

（3）(*p)++表示p 所指向的元素值加 1。

（4）如果 p 当前指向 a 数组中的第 i 个元素，则

*(p--)相当于a[i--]；

*(++p)相当于a[++i]；

*(--p)相当于a[--i]。

8.3.3 用数组名作函数参数

数组名作为函数形式参数时，数组名代表一个数组的首地址。调用函数时，形式参数接受由实参传递过来的值，才有确定的值。当实参为主函数的数组名时，实参传给形参，形参也指向实参数组的首个元素。这样，实参、形参均指向同一个主函数数组。

【例8-8】编写一个求数组元素平均值的通用函数，调用该函数求两个长度不同数组的平均值。

```
#include "stdio.h"
float average( int a[],int n)
{    int i;
     float sum=0.0;
     for(i=0;i<n;i++)
         sum=sum+a[i];
     sum=sum/n;
     return sum;
}
main( )
{    int a[5]={1,2,3,4,5};
     int b[8]={6,5,4,2,9,7,4,10};
     float x1,x2;
     x1=average(a,5);
     x2=average(b,8);
     printf("%f\n",x1);
     printf("%f\n",x2);
}
```

子函数首行中的float表示函数返回值为实型，average为函数名，函数名可由用户指定。average函数中有两个形参a和n，其中a为数组名，n为整型变量。有的读者认为a[]为

形参名，这是错误的。在定义形参时，"[]"只是一个标志，表示"[]"前的形参a为数组名。此处也可以定义为int *a，a为指向整型变量的指针，同理，"*"为定义指针a时的标志。

形参定义int a[]与int *a是等价的，前者在子程序采用常用的下标法引用数组元素。后者可采用指针法，也可采用下标法。例8-8可改写成：

```
#include "stdio.h"
float average ( int *a,int n )
{    int  i;
     float sum=0.0;
     for(i=0;i<n;i++)
        sum+=*(a+i);
     sum=sum/n;
     return sum;
}
main( )
{    int a[5]={1,2,3,4,5};
     int b[8]={6,5,4,2,9,7,4,10};
     float x1,x2;
     x1=average(a,5);
     x2=average(b,8);
     printf("%f\n",x1);
     printf("%f\n",x2);
}
```

8.3.4 二维数组与指针

1. 二维数组元素的地址（指针）

二维数组的地址比一维数组的地址要复杂一些。下面，我们以二维数组int a[3][4]为例进行说明。二维数组a由三行元素组成，第0行a[0][0]、a[0][1]、a[0][2]、a[0][3]，第1行a[1][0]、a[1][1]、a[1][2]、a[1][3]，第2行a[2][0]、a[2][1]、a[2][2]、a[2][3]。二维数组a的一行有4个元素，每一行的地址称为行地址，每个元素也有地址称为元素地址。

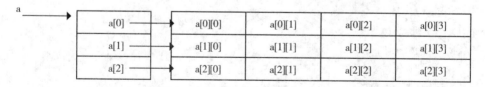

图8-5　二维数组

例如，一个楼内有三层，每层均有4个房间，每个楼层有地址，每个房间也有地址，但是地址的层次是不同的。楼层地址加1，其地址为上一层楼的地址；房间地址加1，指的是旁边房间的地址。C语言管理二维数组地址分为行地址和元素地址。行地址加1，就指向下一行的地址，可见行地址（指针）加1移动的是一行数组元素的地址空间。行指针（地址）指向一行元素，二维数组的一行为一维数组，行指针可以理解为指向一个一维数组的指针，该数组的长度为二维数组的列宽。C语言规定二维数组名为数组首行行指针。上面的二维数组a[3][4]的第0、1、2行的行指针分别为a、a+1、a+2。行指针进行指针运算或变址运算后，就是该行首个元素的指针。例如a[0][0]的指针为a[0]或*a，a[1][0]的指针为a[1]或*(a+1)，a[2][0]的指针为a[2]或*(a+2)。首列元素的指针加1，就是下一列元素的指针。a[0][1]的指针为a[0]+1或*a+1，a[1][1]的指针为a[1]+1或*(a+1)+1，a[2][1]的指针为a[2]+1或*(a+2)+1。一般地，a[i][j]元素的指针为*(a+i)+j。a+i为行地址，行地址进行指针运算*(a+i)为该行首列元素a[i][0]的指针，再加上j就是a[i][j]的指针。通过指针可访问该元素，故*(*(a+i)+j)与a[i][j]等价。

【例8-9】用指针法输入输出二维数组。

```
#include "stdio.h"
main( )
{    int i,j,a[3][4];
     for(i=0;i<3;i++)
     for(j=0;j<4;j++)
        scanf("%d",a[i]+j);              /*或者scanf("%d",*(a+i)+j);*/
    for(i=0;i<3;i++)
    {    for(j=0;j<4;j++)
          printf("%d ",*(a[i]+j));         /*或者rintf("%d ",*(*(a+i)+j));*/
        printf("\(");
    }
}
```

注意：
输入函数scanf要求输入表列为地址表列，所以这里给出的a[i]+j为a[i][j]元素的指针。输出函数printf要求输出表列为数组元素，所以元素地址前应加上"间接访问"运算符*(a[i]+j)。

2. 指向一维数组的指针变量

指向一维数组的指针变量可以看做是指向二维数组的行指针，因为二维数组的一行是一个一维数组，其一般形式为：

基类型 （*指针变量）[列宽]；

注意，这里的一对括号不能省去，否则会与后面讲到的指针数组混淆。

【例8-10】用指针变量输出二维数组的元素。

```
#include "stdio.h"
main( )
{    int a[3][4]={1,2,3,4,5,6,7,8,9,10,11,12};
     int (*p)[4],i,j;
```

```
        p=a;
        for(i=0;i<3;i++)
        {   for(j=0;j<4;j++)
                printf("%d  ",*(*(p+i)+j));
            printf("\n");
        }
    }
```

　　指针变量p指向一维数组，数组的长度为4。二维数组a的列宽也为4，所以p可以作为数组a的行指针。数组名a为数组a的第0行地址，语句"p=a;"使指针p指向二维数组的首行。数组元素a[i][j]可以通过p间接访问，其形式为：*(*(p+i)+j)。

　　3. 用指向一维数组的指针作函数参数

　　用指向一维数组的指针作子函数形式参数，二维数组名作为主函数实在参数。主函数调用子函数时，实参值传递给形参，形参就指向主函数二维数组的首行，在子函数中就可以通过形参间接访问主函数二维数组元素。

　　【例8-11】求一个3×4矩阵的最大值和最小值。

```
#include "stdio.h"
int max,min;
void max_min( int (*p)[4],int n)
{    int i,j;
     max=min=**p;
     for(i=0;i<n;i++)
     for(j=0;j<4;j++)
     {  if(*(*(p+i)+j)>max)max=*(*(p+i)+j);
        if(*(*(p+i)+j)<min)min=*(*(p+i)+j);
     }
}
main( )
{    int x[3][4]={6,9,7,4,11,23,5,4,9,7,6,5};
     max_min(x,3);
     printf("max=%d,min=%d\n",max,min);
}
```

　　输出　　max=23,min=4

　　该程序求矩阵最大值和最小值是调用子函数max_min完成的。形参p是指向一维整型数组的指针，该数组长度为4，形参n用于接受二维数组的行数。最大值、最小值由全局变量max、min传回主函数。主函数调用max_min函数时，二维数组行首地址x传递给形参p，则子函数中的**p就是数组元素x[0][0]，*(*(p+i)+j)就是数组元素x[i][j]。

8.4 字符串与指针

8.4.1 字符串的表示形式

字符串是C语言中比较重要的数据存储形式，如"China"在内存的存储形式如图8-6所示。

C	h	i	n	a	\0

图8-6 字符串

每个字符串都有一个结束标记符'\0'。C语言规定标识一个字符串只需确定该字符串的首地址就可以了。因为自字符串首地址至字符串结束标记'\0'之间的所有字符就是该字符串的全部内容。实际上，字符串在C语言编译系统中是用该字符串的首地址（指针）表示的。知道了字符串的首地址，就可以确定整个字符串。字符串总是从首地址开始，到结束标记'\0'结束。

在C语言中，可以用两种方法访问一个字符串。

（1）用字符数组存放一个字符串，然后输出该字符串。

（2）用字符串指针指向一个字符串。

【例8-12】字符串初始化与输入输出。

```
#include "stdio.h"
main( )
{    char a[]="China";
     char *p="Beijing";
     char b[20];
     scanf("%s",b);
     printf("%s %s %s\n",a,p,b);
}
```

输入 WangFuJing↓

输出 China Beijing WangFuJing

程序第1行语句为定义一个字符数组并初始化，其内存存储情况如图8-6所示。字符数组a的长度为字符串长度5字节加上字符结束标志1字节，共6字节。

程序第2行定义一个字符指针变量p，该指针指向字符串常量"Beijing"，即p存放着该字符串的首地址。

第3行定义一个字符数组b，用scanf语句从键盘中输入，字符串的输入格式符为"%s"，其输入项为数组名（字符数组首地址）。printf语句的输出格式符为"%s"，输出项为字符串的首地址，可以是字符数组名、字符指针等。printf语句从字符串的首地址开始输出所有字符，当遇到字符串结束标志'\0'时停止。

注意，以下语句是错误的：

char *p1;

scanf（"%s"，p1）;

因为定义指针变量p1时，p1没有赋初值，p1内没有存放任何存储空间的地址。用scanf语句向没有确切地址的指针p1输入字符串是非法的。

char b[30];

b="DaLian";　　　/*非法的，b为字符数组的首地址，地址是常量不能再被赋值*/

程序中的：

char *p="Beijing";

等效于：char *p; p="Beijing";

【例8-13】输出字符串中 n 个字符后的所有字符。

```c
#include "stdio.h"
main ( )
{    char *p="this is a book";
     int n=10;
     p=p+n;
     printf("%s\n",p);
}
```

运行结果为：

book

在程序中对 p 初始化时，即把字符串首地址赋予 p，当p= p+10 之后，p 指向字符"b"，因此输出为"book"。

8.4.2 字符指针作函数参数

字符指针作函数参数，传递的是字符串的地址。通过字符地址可访问字符，地址加1，可访问下一字符，直到访问的字符为字符串结束标记 '\0' 时为止。

【例8-14】用函数调用将一字符串复制到另一字符串的后面。

```c
#include "stdio.h"
void strcat1(char *a,char *b)
{    while(*a++);
        a--;
     while(*b)
       *a++=*b++;
     *a='\0';
}
main( )
{    char a[20]= "China";
     char b[10]= "Beijing";
     strcat1(a,b);
     printf("%s\n",a);
}
```

输出结果：ChinaBejing

子函数strcat1形参为字符指针a和字符指针b，当主程序调用子程序后，指针a和指针b就分别指向主函数字符数组a和字符数组b的首个元素，如图8-7所示。

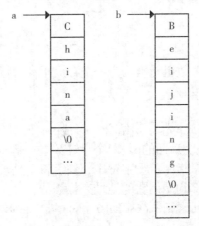

图8-7　字符串连接

8.4.3　字符串指针变量与字符数组的区别

用字符数组和字符指针变量都可实现字符串的存储和运算。但是两者是有区别的。在使用时应注意以下几个问题：

（1）字符串指针变量本身是一个变量，用于存放字符串的首地址。而字符串本身是存放在以该首地址为首的一块连续的内存空间中并以'\0'作为串的结束。字符数组是由若干个数组元素组成的，它可用来存放整个字符串。

（2）对字符串指针方式。

char *p="C Language";

可以写为：

char *p;

p="C Language";

而对数组方式：

static char st[]={"C Language"};

不能写为：

char st[20];

st={"C Language"};

而只能对字符数组的各元素逐个赋值。

从以上几点可以看出字符串指针变量与字符数组在使用时的区别，同时也可看出使用指针变量更加方便。

前面说过，当一个指针变量在未取得确定地址前使用是危险的，容易引起错误。但是对指针变量直接赋值是可以的。因为C系统对指针变量赋值时要给以确定的地址。

因此，char *p="C Langage";

或者

char *p;

p="C Language";

都是合法的。

8.5 指针数组与二级指针

8.5.1 指针数组的概念

指针数组的含义为：每个数组元素均为一个存放指针的指针变量。其一般形式：

类型名 *数组名[数组长度]；

例如： int *p[4];

由于[]比*优先级高，因此p先与[4]结合，形成p[4]形式，p为一个一维数组，长度为4。P前面的*为一个标志，说明后面的p是一个指针数组，基类型为整型。

指针数组比较适合于用来指向若干字符串，使字符串处理更加方便。从前面的内容可知，每个字符串在计算机内部均是用它的地址来标识的，将每个字符串的地址依次存入指针数组的数组元素中，数组元素则依次指向各字符串，如图8-8所示。

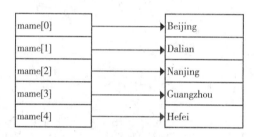

图8-8 指针数组与字符串

【例8-15】将若干字符串按字母顺序（由小到大）输出。

```c
#include "stdio.h"
#include "string.h "
main( )
{    void sort(char *name[],int n);
     void print(char *name[],int n);
     char *name[]={"Beijing","Dalian","Najing","Guangzhou", "Hefei"};
     sort(name,5);
     print(name,5);
}
void sort(char *name[],int n)
{    char *t;
     int i,j,k;
     for(i=0;i<n-1;i++)
     {  k=i;
        for(j=i+1;j<n;j++)
        {  if(strcmp(name[k],name[j])>0) k=j;
           if(k!=i) { t=name[i]; name[i]=name[k]; name[k]=t;}
```

```
    }
}
void print(char *name[],int n)
{    int i;
    for(i=0; i<n;i++)
        printf("%s\n",name[i]);
}
```

运行结果为：

Beijing

Dalian

Guangzhou

Hefei

Nanjing

在main函数中定义指针数组name，它有5个数组元素，其初值分别指向字符串"Beijing"、"Dalian"、"Nanjing"、"Guangzhou"、"Hefei"的起始地址。

sort函数的作用是对字符串排序。sort函数的形参name为一指针数组名，相应的实参为主函数的指针数组名。调用函数sort后，实参传递给形参，形参name就和实参name指向同一个指针数组，形参n的值为5，代表name数组的长度为5。sort采用选择法排序方法，将字母顺序最小的字符串的指针赋给name[0]。然后，按字母顺序再将余下的4个字符串找到最小字符串，并将该串的指针赋给name[1]。依此类推，指针数组name的元素依次指向5个字符串，其中name[0]指向的字符串按字母顺序最小，name[4]指向的字符串最大。

print函数的作用是输出各字符串。由于name指针数组所指向的字符串按字母顺序由小到大排序，所以输出的结果满足题目要求。

8.5.2 二级指针

二级指针的一般形式：

类型名 **指针变量名；

二级指针一般用于存放指针数组的数组名。由于指针数组每个元素均为指针，每个元素的地址就是指针的地址，即指向指针的指针。指针数组名是指针数组的首地址，故必须用二级指针存贮。

【例8-16】使用二级指针。

```
#include "stdio.h"
main( )
{    int a=10,*pa,**ppa;
    pa=&a;
    ppa=&pa;
    printf( "a=%d,*pa=%d,**ppa=%d\n" ,a, *pa, **ppa);
}
```

运行结果如下：

a=10,*pa=10,**ppa=10

本例题中*pa就是a，**ppa就是*pa，也就是a。

8.6 函数与指针

8.6.1 函数指针变量

在C语言中，一个函数也占用一段连续的内存空间，而函数名和数组名一样也表示函数占用内存空间的首地址（或叫函数的入口地址），所以函数名也是一个地址常量。函数的入口地址就称为函数的指针。可以将函数的入口地址赋予一个指针变量，则该指针变量就指向函数，这种指向函数的指针变量称为函数指针变量，其定义一般个数如下。

类型说明符　（*指针变量名）（）；

"类型说明符"是指函数的返回值类型。"*指针变量名"表示"*"后面是定义的指针变量。第二对括号相当于函数名后的括号。

例如：int (*p)();

表示函数返回值的类型为整型，函数是指针p所指的函数。

C语言规定函数名代表函数的入口地址。可以用赋值语句:

指针变量名 = 函数名；

完成指针变量的赋值，这样指针变量就指向函数，通过指针变量就可以调用函数。其调用的一般形式为:

变量 = （*指针变量）（函数实参表列）；

【例8-17】求a，b的和。

```c
#include "stdio.h"
main( )
{    float sum(float,float);
     float (*p)( );
     float a,b,c;
     p=sum;
     scanf("%f%f",&a,&b);
     c=(*p)(a,b);
     printf("sum:%f,%f\n",c);
}
float sum(float x,float y)
{    float z;   z=x+y;  return z;
}
```

输入：5.0 3.0

输出：sum:8.0

本例题执行如下：

（1）声明一个函数sum，再定义一个函数指针变量p；

（2）把被调用的函数名赋予指针。p=sum;

（3）用函数指针变量调用函数。c=(*p)(a,b)，调用时要把实参写在相应的小括号内。

8.6.2 指针型函数

函数值可以是整型、实型、字符型，当然也可以是某个变量的地址，即指针，相应地，函数定义时，函数的返回值为指针，return后面是一个指针量。这种函数定义的一般形式为：

类型名 *函数名（形参表列）

类型名为返回指针的类型名。例如，函数返回一个整型变量的地址，定义形式为"int *函数名(形参表列);"。

8.6.3 主函数与命令行参数

每个C语言程序，总是有且仅有一个主函数main()，它担负着程序起点的作用。

主函数的格式为：

main(int argc,char *argv[])

{……}

假设该C语言程序的源文件名为EXMA1.C，编译、连接后得到可执行程序EXMA1.EXE。执行程序时，输入文件名"EXAM1"，该程序就运行了，文件名又可称为命令名。另外，执行程序时，输入命令名的后面还可以加上零至多个字符串参数，例如：

EXAM1 aaa bbb china

文件名以及后面的由空格隔开的字符串就称为命令行。C程序主函数main括号里的信息为命令行参数。其中，argc用于保存用户命令行中输入的参数的个数，命令名本身也作为一个参数，例子中的参数有三个，加上命令名,argc的值为4。argv[]是一个字符指针数组，它用于指向命令行各字符串参数（包括命令名本身）。对命令名，系统将会自动加上盘符、路径、文件名，而且变成大写字母串存储到argv[0]中。其他命令行参数名将会自动依次存入到argv[1]、argv[2]、……、argv[argc−1]中。本例中，argv[0]指向命令名参数 "C:\TC\EXAM1.EXE"， argv[1] 指向参数"aaa"，argv[2] 指向参数"bbb" ,argv[3] 指向参数"china"。

【例8–18】命令行参数简单示例。

```
#include "stdio.h"
main(int argc,char *argv[])
{    while(––argc>=0)
     puts(argv[argc]);
}
```

假定此程序经过编译连接，最后生成了一个名为EXAM1.EXE的可执行文件。如果在命令状态下，我们输入命令行为：EXAM1 horse house monkey donkey friends。则该程序的输出将会是：

friends

donkey

monkey

house
horse
C:\TC\EXAM1.EXE

8.7 程序设计举例

【例8-19】输入实型数a,b,c；要求按由大到小的顺序输出。

```c
#include "stdio.h"
void swap(float *x,float *y)
{   float z;
    z=*x; *x=*y; *y=z;
}
main( )
{   float a,b,c;
    scanf("%f%f%f",&a,&b,&c);
    if(a<b)   swap(&a,&b);
    if(a<c)   swap(&a,&c);
    if(b<c)   swap(&b,&c);
    printf("After swap: a=%f,b=%f,c=%f\n",a,b,c);
}
```

输入：5.6   7.9   −8.5
输出：After swap: a=7.900000,b=5.600000,c=−8.500000

【例8-20】编写一个通用的子函数，将一个一维数组进行逆序存储，即第一个元素与最后一个元素值互换，第二个元素与最后面第二个元素值互换，依此类推，直到每个数组元素均互换一次为止。

```c
#include "stdio.h"
void afterward(float *x,int n)
{   float z;
    int i;
    for(i=0;i<n/2;i++)
    {    z=*(x+i);*(x+i)=*(x+n−1−i);*(x+n−1−i)=z;}
}
void printarray(float *x,int n)
{   int i;
    for(i=0;i<n;i++)
        printf("%f ",x[i]);
    printf("\n");
}
main()
```

```
{    float a[10]={1.,2.,3.,4.,5.,6.,7.,8.,9.,10.};
     afterward(a,10);
     printarray(a,10);
}
```

输出：10.000000 9.000000 8.000000 7.000000 5.000000 4.000000 3.000000
2.000000 1.000000

【例8-21】从键盘上输入一行字符串，将其中的小写字母转换成大写字母并输出。

```
#include "stdio.h"
void upper(char *x)
{    while(*x)
     {    if(*x>='a'&&*x<='z')        *x=*x-'a'+'A';
          x++;
     }
}
main( )
{    char a[81];
     gets(a);
     upper(a);
     puts(a);
}
```

输入：ajdksj1234aBcd >>>
输出：AJDKSJ1234ABCD >>>

【例8-22】编写一个通用的求n×n阶矩阵的对角线元素值之和。

```
#include "stdio.h"
int corner(int *x,int n)
{    int i,sum=0;
     for(i=0;i<n;i++)
     {    sum=sum+*(x+i);
          if(x+i!=x+n-1-i)sum+=*(x+n-1-i);
          x=x+n;
     }
   return sum;
}
main( )
{    int a[4][4]={{1,3,4,5}, {4,6,7,8}, {1,2,3,4},{6,7,8,9}};
     int sum;
     sum=corner(*a,4);
     printf("%d\n",sum);
}
```

输出：39

8.8 二级真题解析

选择题

（1）以下程序段完全正确的是（　　）。

A. int *p;scanf("%d" ,&p);　　　　　　B. int *p;scanf("%d" ,p);

C. int k,*p=&k;scanf("%d" ,p);　　　　D. int k,*p;*p=&k;scanf("%d" ,p);

【答案】C

【解析】A中是给指针变量的地址输入值。B中应该给指针变量赋初值，才可以输入值。D中*p是地址中存放的数据，不能把变量的地址赋给*p。

（2）有以下程序：

```c
#include<stdio.h>
main( )
{    int a[]={1,2,3,4},y,*p=&a[3];
     --p;
     y=*p;
     printf("y=%d\n", *p);
}
```

程序运行后的输出结果是（　　）。

A. y=0　　　　　　B. y=1　　　　　　C. y=2　　　　　　D. y=3

【答案】D

【解析】该题目中指针变量p初始指向a[3]，执行--p后，p指向a[2]，语句y=*p;的功能是把a[2]的值赋给变量y。

（3）以下程序段完全正确的是（　　）。

A. char *s;s="Olympic";　　　　　　B. char s[7]; s="Olympic";

C. char*s; s={"Olympic"};　　　　　D. char s[7]; s={"Olympic"};

【答案】A

【解析】若变量s定义为指针，则A中指针指向一个字符串，C中指针赋一个字符串的值。若变量s定义为数组，数组只有在定义时才能直接赋值，B和D都不对。

（4）有以下程序：

```c
#include<stdio.h>
void fun(char *a, char *b)
{    while(*a==' *' ) a++;
     while(*b==*a) {b++;a++;}
}
main( )
{    char*s="*****a*b****",t[80];
```

```
    fun(s,t);
    puts(t);
}
```

程序运行后的输出结果是（　　）。

A. *****a*b　　　　　　B. a*b　　　　　　C. a*b****　　　　　　D. ab

【答案】C

【解析】该题目中函数fun(char *a, char *b)中，while(*a=='8') a++;的功能是：如果*a的值为'*'，则a指针向后移动，一直遇到非'*'为止，退出循环进入以一个循环，在while(*b==*a) {b++;a++;}中，把字符数组a的字符逐个赋给数组b。

（5）有以下程序：

```
#include<stdio.h>
void fun(char *s)
{    while(*s)
    {        if(*s%2)
        printf("%c",*s);
        s++;
    }
}
main( )
{    char a[]="BYTE";
    fun(a);
    printf(" ");
}
```

程序运行后的输出结果是（　　）。

A. BY　　　　　　B. BT　　　　　　C. YT　　　　　　D. YE

【答案】D

【解析】该程序中只是输出ASCⅡ值为奇数的字母。

8.9 习题

一、选择题

（1）已知：int a,*p=&a;语句中的"*"的含义是（　　）。

A. 指针运算符　　　　　　　　　　B. 乘号运算符

C. 指针变量定义标志　　　　　　　D. 取指针内容

（2）已知：int a,*p=&a;则下列语句中错误的是（　　）。

A. scanf("%d",&a);　　　　　　　B. scanf("%d",p);

C. printf("%d",p);　　　　　　　D. printf("%d",a);

（3）设有定义：int a=3,b=4,*c=&a;则下面表达式中值为0的是（　　　）。

A. a-*c　　　　　　B. a-*b　　　　　　C. b-a　　　　　　D. *b-*a

（4）设有定义：int a[10],*p=a;，对数组元素的正确引用是（　　　）。

A. a[p]　　　　　　B. p[a]　　　　　　C. *(p+2)　　　　　D. p+2

（5）若有如下定义，则不能表示数组a元素的表达式是（　　　）。

int a[10]={1,2,3,4,5,6,7,8,9,10},*p=a;

A. *p　　　　　　　B. a[10]　　　　　　C. *a　　　　　　D. a[p-a]

（6）若有如下定义，则值为3的表达式是（　　　）。

int a[10]={1,2,3,4,5,6,7,8,9,10},*p=a;

A. p+=2,*(p++)　B. p+=2,*++p　　C. p+=3,*p++　　D. p+=2,++*p

（7）设有定义：char a[10]="ABCD",*p=a;，则*(p+4)的值是（　　　）。

A. "ABCD"　　　　B. 'D'　　　　　　C. '\0'　　　　　　D. 不确定

（8）将p定义为指向含4个元素的一维数组的指针变量，正确语句为（　　　）。

A. int　(*p)[4];　　　　　　　　　B. int　*p[4];

C. int　p[4];　　　　　　　　　　D. int　**p[4];

（9）若有定义int a[3][4];，则输入其3行2列元素的正确语句为（　　　）。

A. scanf("%d",a[3,2]);　　　　　　B. scanf("%d",*(*(a+2)+1))

C. scanf("%d",*(a+2)+1);　　　　　D. scanf("%d",*(a[2]+1));

（10）设有定义：int a[10],*p=a+6,*q=a;，则下列运算哪种是错误的（　　　）。

A. p-q　　　　　　B. p+3　　　　　　C. p+q　　　　　　D. p>q

（11）设p1和p2是指向同一个字符串的指针变量，c为字符变量，则以下不能正确执行的赋值语句是（　　　）。

A. c=*p1*(*p2);　B. p1=p2;　　　　C. p2=c;　　　　　D. c=*p1+*p2;

（12）以下哪一个函数的运行不可能影响实参（　　　）。

A. void　f(char　*x[ ])　　　　　B. void　f(char　x[ ])

C. void　f(char　*x)　　　　　　D. void　f(char　x, char　y)

（13）要求函数的功能是交换x和y的值，且通过正确函数调用返回交换结果。能正确执行此功能的函数是（　　　）。

A. funa(int *x,int *y)

{　int *p;

　　*p=*x;*x=*y;*y=*p;

}

B. funb(int x,int y)

{　int t;

　　t=x;x=y;y=t;

}

C. func(int *x,int *y)

```
{   *x=*y;*y=*x;}
```

D. fund(int *x,int *y)

```
{   *x=*x+*y;*y=*x-*y;*x=*x-*y;}
```

二、程序分析题

（1）有如下程序：

```
main()
{   int a[]={1,3,5,8,10};
    int y=1,x,*p;
    p=&a[1];
    for(x=0;x<3;x++)
        y+=*(p+x);
    printf("%d\n",y);
}
```

该程序的输出结果是（   ）。

（2）下述程序的功能是（   ）。

```
main()
{   int i,a[10],*p=&a[9];
    for(i=0;i<10;i++) scanf("%d",&a[i]);
    for(;p>=a;p--) printf("%3d",*p);
}
```

（3）下面程序的运行结果是（   ）。

```
main( )
{   int a=2,*p,**pp;
    pp=&p;
    p=&a;
    a++;
    printf("%d,%d,%d\n",a,*p,**pp);
}
```

（4）下面程序的功能是（   ）。

```
ch(int *p1,int *p2)
{   int p;
    if(*p1>*p2) {p=*p1;*p1=*p2;*p2=p;}
}
```

（5）以下程序的运行结果（   ）。

```
#include "string.h"
main()
{   char *a="ABCDEFG";
```

```
        fun(a);puts(a);
    }
    fun(char *s)
    {   char t,*p,*q;
        p=s;q=s;
        while(*q) q++;
        q--;
        while(p<q)
        { t=*p;*p=*q;*q=t;p++;q--;}
    }
```

（6）以下程序的运行结果（　　　）。

```
    char *fun(char *s,char c)
    {   while(*s&&*s!=c) s++;
        return s;
    }
    main()
    {   char *s="abcdefg",c=' c' ;
        printf("%s",fun(s,c));
    }
```

（7）下述程序的运行结果是（　　　）。

```
    int ast(int x,int y,int *cp,int *dp)
    {   *cp=x+y;
        *dp=x-y;
    }
    main()
    {   int a,b,c,d;
        a=4;b=3;
        ast(a,b,&c,&d);
        printf("%d %d\n",c,d);
    }
```

（8）下面程序的运行结果是（　　　）。

```
    main()
    {   struct student
        {   char name[10];
            float k1;
            float k2;
        }a[2]={{"zhang",100,70},{"wang",70,80}},*p=a;
```

```
    int i;
  printf("\nname: %s total=%f",p->name,p->k1+p->k2);
  printf("\nname: %s total=%f\n",a[1].name,a[1].k1+a[1].k2);
}
```

（9）以下程序的输出结果是（　　　）。

```
main()
{   struct num {int x;int y;}sa[]={{2,32},{8,16},{4,48}};
    struct num *p=sa+1;
    int x;
    x=p->y/sa[0].x*++p->x;
    printf("x=%d p->x=%d",x,p->x);
}
```

（10）下列程序执行后输出的结果是（　　　）。

```
int aaa(char *s)
{   char *p;
    p=s;
    while(*p++);
    return(p-s);
}
main ( )
{   int a;
    a=aaa("china");
    printf("%d\n", a);
}
```

三、填空题

（1）将函数fun1 的入口地址赋给指针变量p的语句是_____。

（2）在C程序中，只能给指针变量赋NULL值和_____值。

（3）将数组a的首地址赋给指针变量p的语句是_____。

（4）下列程序的功能是输入一个字符串，然后再输出。

```
main()
{   char a[20];
    int i=0;
    scanf("%s, _____);
    while(a[i]) printf("%c",a[i++]);
}
```

（5）本程序使用指向函数的指针变量调用函数max()，求最大值。

```
main()
```

```
{    int max();
     int  (*p)();
     int a,b,c;
     p=_____;
     scanf("%d  %d",&a,&b);
     c=_____;
     printf("a=%d  b=%d  max=%d",a,b,c);
}
max(int x,int y)
{    int z;
     if(x>y)  z=x;
     else z=y;
     return(z);
}
```

四、编程题

（1）通过调用函数，将任意四个实数以由小到大的顺序输出。

（2）编写函数，计算一维数组中最小元素及其下标，数组以指针方式传递。

（3）编写函数，由实参传来字符串，统计字符串中字母、数字、空格和其他字符的个数。主函数中输入字符串及输出上述结果。

（4）编写函数，把给定的二维数组转置，即行列互换。

（5）编写函数，对输入的10个数据进行升序排序。

（6）编写程序，实现两个字符串的比较。不许使用字符串比较函数strcmp()。

（7）统计一个英文句子中含有英文单词的个数，单词之间用空格隔开。

（8）输入一个字符串，输出每个小写英文字母出现的次数。

（9）从键盘上输入一个字符串，统计字符串中的字符个数。不许使用求字符串长度函数strlen()。

（10）编写程序，输入10个职工的编号、姓名、基本工资、职务工资，求出"基本工资+职务工资"最少的职工(要求用子函数完成)，并输出该职工记录。

第9章　结构体和共用体

9.1　结构体

数组只允许把同一类型的数据组织在一起，但在实际应用中，有时需要将不同类型的并且相关联的数据组合成一个有机的整体，并利用一个量来管理它。C语言为我们提供了结构体的数据类型用以描述这类数据类型。

9.1.1　结构体变量

1. 结构体类型定义

结构体类型定义的一般形式为：

struct 结构体类型名

{类型1 成员1；

　　类型2 成员2；

　　…… ……

　　类型n 成员n；

};

例如：一个学生的学号、姓名、性别、年龄、家庭住址，这些都与某一学生相联系。如表9-1所示。

表9-1　学生基本情况表

num	name	sex	age	score	addr
99001	Wangli	M	20	90	Dalian

将上述这些独立的简单变量组织在一起，可组成一个组合项，在一个组合项中包含若干个类型不同的数据项。C语言提供了这样一种数据结构，称为结构体（structure），相当于其他高级语言中的"记录"。将学生基本情况表用结构体表示如下：

```
struct student
{    int num;
     char name[20];
     char sex;
     int age;
     float score;
     char addr[30];
};
```

说明：

（1）结构体类型由"struct 结构体类型名"统一说明和引用。

（2）只有变量才分配地址，类型定义并不分配内存空间。

（3）结构体中说明的各个成员类似于以前的变量，但在类型定义时不分配地址。

（4）相同类型的成员可以合在一个类型下说明。如

```
struct student
{    int num,age;
     char name[20],sex,addr[30];
     float score;
};
```

（5）最后一定要以分号结束。

（6）可以嵌套定义，即在结构体类型定义中又有结构体类型的成员。如：

```
struct student
{    int num,age; char name[20],sex,addr[30];
     struct
     {    float Chinese,Math,Physics,English;
     }score;          /* 无名结构体类型定义的成员score */
};
```

（7）结构体类型也是有作用范围的。即它与变量一样，也有全局和局部之分。在一个函数中定义的结构体类型是局部的，只能用于在该函数中定义结构体变量；在函数之外定义的结构体类型是全局的，可定义在其后用到的结构体类型的全局和局部变量。

2. 结构体变量的定义和引用

定义结构体类型变量有如下三种形式（以上面的结构体类型student为例）：

（1）定义结构体类型之后再定义结构体类型变量，如：

```
struct student a,b,c;
```

定义了三个结构体类型变量a、b和c。

（2）定义结构体类型同时定义结构体类型变量，如：

```
sturct student
{    int num;
     char name[20];
     char sex;
     int age;
     float score;
     char addr[30];
}a,b,c;
```

这样也定义了三个结构体类型变量a、b和c。

（3）定义无名结构体类型同时定义结构体类型变量，如：

```
struct
{    int num;
     char name[20];
     char sex;
     int age;
     float score;
     char addr[30];
}a,b,c;
```

这样也定义了三个结构体类型变量a、b和c。但这种方法只能在此定义变量，因为没

有类型名称，所以这种结构体类型无法重复使用。

> **注意:**
> 结构体变量所占的字节数为各成员所占字节数之和。

成员的引用：结构体变量成员引用的一般形式为

结构体类型变量名.成员变量名[.成员变量名.…]

【例9-1】将结构体变量a赋值为一个学生的记录，然后输出。

```c
#include "stdio.h"
main( )
{    struct student
     {       long int num;
             char name[20];
             char sex;
             char addr[20];
     }a={99001, "Wangli",' M ', "Dalian"};
     printf("No.:%ld\nname:%s\nsex:%c\naddress:%s\n",a.num,a.name,a.sex,a.addr);
}
```

9.1.2 结构体数组

结构体数组的定义和结构体变量的定义相似，也有三种情况。和普通数组一样，可以定义一维结构体数组，也可以定义多维的。一维结构体数组相当于一张二维数据表，表的横向相当于记录，而纵向可以称为属性，用于描述每条记录的所有信息。比如，表9-2就可以用结构体数组处理。

表9-2 二维数据表

学号	姓名	计算机成绩	英语成绩	总成绩
0718020101	张三	90	85	175
0718020102	李四	81	92	173
0718020103	王五	75	96	171

【例9-2】输出上述表格信息。

```c
#include "stdio.h"
#define N 3
struct student
{    char num[10],name[10];
     int com,eng,total;
```

```
};
main( )
{    int i;
     struct student stu[N]={{"0718020101","张三",90,85,0},
                       {"0718020102","李四",81,92,0},
                       {"0718020103","王五",75,96,0}};
printf("学号\t姓名\t计算机成绩\t英语成绩\t总成绩\n");
for(i=0;i<N;i++)
{    stu[i].total=stu[i].com+stu[i].eng;
     printf("%s\t\t%s\t%d\t%d\t%d\n",
     stu[i].num,stu[i].name,stu[i].com,stu[i].eng,stu[i].total);
   }
}
```

运行结果

学号	姓名	计算机成绩	英语成绩	总成绩
0718020101	张三	90	85	175
0718020102	李四	81	92	173
0718020103	王五	75	96	171

9.2 共用体

有时需要将不同类型的数据存放到同一段内存单元中。需要什么类型的数据这里就存放什么类型的数据。这些数据的起始地址都是相同的，数据之间相互覆盖，只有最后一次存入的数据才是有效的。这种几个不同的变量占用同一段内存的结构称为共用体类型。

1. 共用体类型定义

共用体类型定义的一般形式为：

union 共用体类型名
```
{    类型1 成员1;
     类型2 成员2;
     ……   ……
     类型n 成员n;
};
```
例如：

union data
```
{    int i;
     char ch;
     float f;
};
```

从定义形式上看，它同结构体极为相似。所不同的是它说明的几个成员不像结构体那样顺序存储，而是叠放在同一个地址开始的空间上，共用体类型的长度为最大成员所占空间的长度。上面的union data类型的长度为4个字节，也就是float类型所占的空间长度。

2. 共用体变量的定义和引用

定义共用体类型变量有如下三种形式（以上面的共用体类型union data为例）：

（1）定义共用体类型之后再定义共用体类型变量，如：

union data a,b,c;

定义了三个共用体类型变量a、b和c。

（2）定义共用体类型同时定义共用体类型变量，如：

```
union data
{    int i;
     char ch;
     float f;
}a,b,c;
```

也定义了三个共用体类型变量a、b和c。

（3）定义无名共用体类型同时定义共用体类型变量，如：

```
union
{    int i;
     char ch;
     float f;
}a,b,c;
```

也定义了三个共用体类型变量a、b和c。但这种方法只能在此定义变量，因为没有类型名称，所以这种形式的类型无法重复使用。

共用体成员的引用方式与结构体成员的引用方式没有差别，一般地，也要引用到最底层的成员。成员引用的一般形式为

共用体类型变量名.成员变量名[.成员变量名.⋯]

【例9-3】共用体类型举例。

```
#include "stdio.h"
union data
{    int i;
     char ch;
     float f;
};
main( )
{    union data ua;
     ua.i=10;
     ua.ch='A';
     ua.f=3.14;
     printf("i=%d\tch=%c\tf=%f\tua=%f\n",ua.i,ua.ch,ua.f,ua);
}
```

运行结果为：

i=-2621   ch=├   f=3.140000   ua=49.920021

可以看出，只有最后一次赋值的成员f是有效的。这一点一定要切记！另外，共用体

变量不能整体赋值，也不可以对共用体变量进行初始化处理。

9.3 枚举类型

如果一个变量只有几种可能的值，可以定义为枚举类型。所谓"枚举"，是指将变量的值一一列举出来，变量的值只限于列举出来的值的范围内。

1. **枚举类型定义**

枚举类型定义的一般格式为：

enum 枚举类型名
{ 枚举常量1=序号1,
　　枚举常量2=序号2,
　　…　　　…
　　枚举常量n=序号n
};

其中，枚举常量是一种符号常量，也称为枚举元素，要符合标识符的起名规则。序号是枚举常量对应的整数值，可以省略，省略序号则按系统规定处理。注意类型定义中各个枚举常量之间要由逗号间隔，而不是分号，最后一个枚举元素的后面无逗号。

例如，有如下类型定义：

enum weekday{ sun,mon,tue,wed,thu,fri,sat};

在这里，列出了枚举类型enum weekday所有可能的7个值。省略序号，系统默认从0开始连续排列。如上面的枚举类型中，sun对应0、mon对应1、……、sat对应6。如果遇到有改变的序号，则序号从被改变位置开始连续递增。例如，若把上面的枚举类型改为下面的形式：

enum weekday{ sun,mon=6,tue,wed,thu=20,fri,sat};

则7个枚举元素的序号依次为：0、6、7、8、20、21、22。

2. **枚举变量与枚举元素**

定义枚举类型变量有如下3种形式（以上面的枚举类型enum weekday为例）：

（1）定义枚举类型之后再定义枚举类型变量，如：

enum weekday yesterday,today,tomorrow;

定义了3个枚举类型变量。

（2）定义枚举类型同时定义枚举类型变量，如：

enum weekday{ sun,mon,tue,wed,thu,fri,sat} yesterday,today,tomorrow;

也定义了3个枚举类型变量yesterday、today和tomorrow。

（3）定义无名枚举类型同时定义变量，如：

enum { sun,mon,tue,wed,thu,fri,sat} yesterday,today,tomorrow;

也定义了3个枚举类型变量yesterday、today和tomorrow。但这种方法只能在此定义变量，因为没有类型名称，所以这种类型无法重复使用。

枚举变量实质上就是整型变量，只是它的值是由代表整数的符号表示的。例如，yesterday=sun;today=fri;tomorrow=tue,等等。但是直接把一个整数赋值给一个枚举变量通常是不允许的。如，today=5，而应该进行强制类型转换，写成：today=(enum weekday)5;。

【例9-4】从键盘上输入一个整数，显示与该整数对应的枚举常量的英文名称。

```
#include "stdio.h"
main( )
{    enum week{sun,mon,tue,wed,thu,fri,sat};
     enum week weekday;
     int i;
     scanf("%d",&i);
     weekday=(enum week)i;
switch(weekday)
{    case sun:printf("Sunday"); break;
     case mon:printf("Monday"); break;
     case tue:printf("Tuesday"); break;
     case wed:printf("Wednesday"); break;
     case thu:printf("Thursday"); break;
     case fri:printf("Friday"); break;
     case sat:printf("Saturday"); break;
     default:printf("Input error! ");
   }
}
```

在使用枚举量时，通常关心的不是其数值的大小，而是它所代表的状态，在程序中，可以使用不同的枚举量来表示不同的处理方式。正确地使用枚举变量，有利于提高程序的可读性。

9.4 typedef 自定义类型

当用结构体类型定义变量时，往往觉得类型名还要加上如struct等形式看上去比较烦琐。C语言提供了一个自定义类型的语句——typedef。我们可以用它将一些较为复杂的类型简单化。typedef的一般格式为：

typedef 原类型名 新类型名；

如：

typedef int INTEGER；

typedef float REAL；

typedef struct { int year,month,day;} DATE; /* 将一个无名结构体类型定义为日期型DATE */

实际上，自定义一个新类型名并不是真正定义了一个新类型，而只是将原有的类型名用一个更加简单的、比较好理解的、容易记住和使用的新类型名。这个新类型名与原有的类型名除了名称之外是完全等价的。为了避免错误，通常在定义新类型名是可按以下步骤进行：

（1）先按定义变量的方法写出定义体，如：

struct {int year,month,day;} today;

（2）将变量名换成新类型名，如：

struct {int year,month,day;} DATE;

（3）在最前面加上typedef，如：

typedef struct {int year,month,day;} DATE;

（4）可用新的类型名定义变量，如：

DATE yesterday,today,tomorrow;

例如，自定义一个数组类型名ARRAY的步骤如下：

（1）int a[100];

（2）int ARRAY[100];

（3）typedef int ARRAY[100];

（4）ARRAY a,b,c;

9.5 结构与指针

9.5.1 指向结构体变量的指针

结构体变量的指针就是结构体变量的起始地址。可以定义一个指针变量，用来指向一个结构体变量。

【例9-5】指向结构体变量指针的应用。

```
#include"stdio.h"
#include"string.h"
struct student
{    int num;char name[20];
     char sex;float score;
};
main( )
{    struct student stu;
     struct student *p;
     p=&stu;
     (*p).num=12;
     strcpy((*p).name, "Li Ming");
     (*p).sex='M';
     (*p).score=89.0;
     printf("%d,%s,%c,%f\n",(*p).num,(*p).name,(*p).sex,(*p).score);
}
```

程序中声明了struct student类型，在主程序中定义了结构体变量stu,定义了一个指向struct student结构体变量指针p。语句"p=&stu;"使得p指向结构体变量stu。然后通过p进行指针运算访问结构体变量stu。其一般形式为：

(*结构体指针).成员变量

C语言规定，通过结构体指针访问结构体成员可以采用另外一种形式：

结构体指针->成员变量

其中"—>"称为指向运算符。这种访问形式更常用。

例9-5中主函数可以改写为：

```
main( )
{    struct student stu;
     struct student *p;
     p=&stu;
     p.num->12;
     strcpy(p->name,"Li Ming");
     p->sex='M';
     p->score=89.0;
     printf("%d,%s,%c,%f\n",p->num,p->name,p->sex,p->score);
}
```

9.5.2 指向结构体数组的指针

结构体数组名为结构体数组首地址。结构体指针加1，指针向前移动一个结构体变量存储空间，而不是一个字节，即指向结构体数组的下一个元素。

【例9-6】指向结构体数组指针的应用。

```
#include "stdio.h"
struct student
{    int num;char name[20];
     char sex;int age;
};
struct student stu[3]={{10, "LiuLi",'F',21},{12, "Wang Ming",'M',22},{15, "Li
Ming", 'M',21}};
main( )
{    struct student *p;
     for(p=stu;p<stu+3;p++)
     printf("%d,%s,%c,%d\n",p->num,p->name,p->sex,p->age);
}
```

p是指向结构体类型数据的指针变量。在for语句中令p的初值为数组名stu，则p指向stu[0]，故第一次循环打印的是stu[0]的数据成员。下一次循环前，循环变量p加1，则p指向stu[1]，故第二次循环打印的是stu[1]的数据成员。最后一次循环，p指向stu[2],打印的是stu[2]的数据成员。

9.5.3 用指向结构体的指针作函数参数

将一个结构体变量的值传递给另一个函数有两种方法。

1. 用结构体变量作实参

用结构体变量作实参时，采取的也是"值传递"方式，将结构体变量所占的内存单元的内容全部顺序传递给形参，形参也必须是同类型的结构体变量。在函数调用期间形参也要占用内存单元。这种传递方法要占用较多的存储空间，耗费时间也较多，如果结构体规模很大时，则应避免采用这种传递方法。另外，由于"值传递"是单向传递，在调用函数期间改变了形参的值，该值不会返回主调函数。

2. 用指向结构体变量（或数组）的指针作实参

用指向结构体变量（或数组）的指针作实参，将结构体变量（或数组）的地址传递给形参。这种方法，不需要另外占用大量存储空间。只传递地址给形参，所需时间较少。对结构体变量值可以双向修改，即在被调用函数中通过结构指针修改结构变量。

【例9-7】有一个结构物体变量stu，要求通过子函数输出该变量的值。

```
#include "stdio.h"
struct student
{    int num;    char name[20];
     struct { int year,month,day;}birthday;
     float score;
}stu={12,"Li Ming",{1986,12,9},87.0};
main( )
{    void print(struct student*);
     print(&stu);
}
void print(struct student *p)
{    printf("%d,%s,%d,%d,%d,%f\n",  p->num,p->name,p->birthday.year,
     p->birthday.month,p->birthday.day,p->score);
}
```

print函数中的形参被定义指向struct student类型数据的指针变量。函数调用时，相应的实参为主函数结构体变量的地址&stu，这样在函数调用期间，形参p就指向主函数中的结构变量stu，通过p可以访问stu的成员变量。但是stu的成员变量birthday也是一个结构体变量。访问birthday是通过指针p完成，但访问birthday的成员year,month,day,还是通过birthday结构体变量来访问，其运算符为"."。

9.6 链表

链表是一种常见的重要的存储数据的结构。它可以根据需要动态地进行存储空间的分配和回收。每一个数据元素以一个结点的形式存在，结点上有数据域和指针域两大部分。数据域上根据定义形式可以由一个或多个数据组成；指针域上存储与该结点链接的下一个结点的起始地址。图9-1示例了一个最简单的单链表。链表的元素可以动态分配存储空间，所以没有节点个数的限制。链表插入/删除元素也不需要移动其他元素。

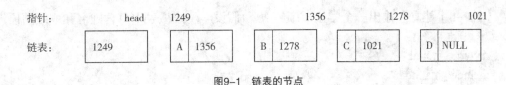

图9-1 链表的节点

链表中有一个称为"头指针"的变量，图中以head表示，整个链表就是通过指针顺序链接的，常用带箭头的短线（ ）表示这种链接关系，如图9-2所示。

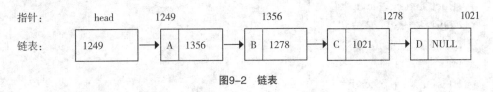

图9-2 链表

9.6.1 动态分配和释放空间的函数

1. 存储空间分配函数malloc( )

其函数原型为：

void *malloc(unsigned int size);

其作用是在内存中动态获取一个大小为size个字节的连续的存储空间。该函数将返回一个void类型的指针，若分配成功，该指针指向已分配空间的起始地址，否则，该指针将为空(NULL)。

2. 连续空间分配函数calloc( )

其函数原型为：

void *calloc(unsigned n,unsigned size);

其作用是在内存中动态获取n个大小为size个字节的连续的存储空间。该函数将返回一个void类型的指针，若分配成功，该指针指向已分配空间的起始地址，否则，该指针将为空(NULL)。用该函数可以动态地获取一个一维数组空间，其中n为数组元素个数，每个数组元素的大小为size个字节。

3. 空间释放函数free( )

其函数原型为：

void free(void *addr)

其作用是释放由addr指针所指向的空间，即系统回收，使这段空间又可以被其他变量所用。值得注意的是，不用的空间一定要及时地回收，以免浪费宝贵的内存空间。

上面前三个函数返回值类型都为空指针（void＊）类型，在具体应用时，一定要作强制类型转换，只有转换成实际的指针类型才能正确使用。

9.6.2 建立和输出链表

对链表的基本操作有创建、查找、插入、删除和修改5种，其中创建是学习的重点。

创建单向链表的主要操作步骤有：读取数据、生成新结点、将数据存入结点的成员变量中、将新结点添加到链表中，重复上述操作直至结束。很显然，单向链表的最后一个结点的指针域置 '\0' ，作为结束标志。

所谓输出链表，是将链表上各个结点的数据域中的值依次输出，直到链表结尾。

【例9-8】建立和输出一个学生成绩链表。(假设学生成绩表中只含姓名和成绩两项)

```
#include "stdio.h"
#include "malloc.h"
typedef struct student
{    char name[20];
     int score;
     struct student *next;
} STUDENT,*PSTUDENT;
STUDENT crelink(int n)
{    int i;
     STUDENT p,q,head;
     if(n<=0) return NULL;                          /*参数不合理，返回空指针*/
     head=(PSTUDENT)malloc(sizeof(STUDENT));   /*生成第一个结点 */
     scanf("%s %d",head->name,&head->score);    /*两个数据之间用一个空格间隔*/
     p=head;                                       /*p作为连接下一个结点q的指针*/
     for(i=1;i<n;i++)
     {  q=(PSTUDENT)malloc(sizeof(STUDENT));
        scanf("%s %d",q->name,&q->score);
        p->next=q;                                 /*连接q结点*/
        p=q;                                       /*p跳到q上，再准备连接下一个结点q */
     }
     p->next=NULL;                                 /*置尾结点指针域为空指针*/
     return head;                                  /*将已建立起来的单链表头指针返回*/
}
main()
{    PSTUDENT h;int n;
     printf("Please input number of node:");
     scanf("%d",&n);
     h=crelink(n);                                 /*调用建立单链表的函数*/
     list(h);                                      /*调用输出链表的函数*/
}
list(PSTUDENT head)                                /*链表的输出*/
{    PSTUDENT  p=head;                             /*从头指针出发,依次输出各结点的值*/
     while(p!=NULL)
     {    printf("%s\t%d\n",p->name,p->score);
          p=p->next;                               /*p指针顺序后移一个结点*/
     }
}
```

链表的结点类型定义为结构类型。其成员除了用户指定的外，必须加上一个指针成员，该指针为指向该结构类型的指针变量，其一般性形式为：

struct <结点结构类型名> *指针变量名;

本例结点类型为struct student，结点的指针成员定义为："struct student *next;"。结点的指针成员也称为结点的指针域，其余成员称为数据域，本例的数据成员为：name（学生姓名）和score（考试分数）。STUDENT为struct student类型的别名，PSTUDENT为struct student指针类型的别名。

子函数crelink的功能是建立一个由n个结点构成的单链表函数，n为该函数的形参，函数的返回值为链表头结点指针head。首先，子函数crelink使用系统函数malloc()申请sizeof（STUDENT）个字节存储空间作为链表第一个结点的存储空间，将该空间的指针强制转换成PSTUDENT类型赋给指针变量head。接着使用scanf语句为该结点的数据域赋值。使用for循环，每次循环使用系统函数malloc()申请下一个结点的存储空间，指针q指向该空间。使用scanf语句为该结点的数据域赋值。将p结点的指针域next指向结点q，实现本结点与下一个结点的连接。将下一个结点的指针q赋给本结点指针p，即下一结点作为本结点，进行下次循环，再创建一个新结点。依次创建n个链表结点。循环结束后，链表最后一个结点的指针域next置为空指针NULL，作为链表的结束标志。

子函数list()的功能是输出链表的所有结点。其形参为链表头一个结点的指针head。while循环的循环变量p的初值为head，第一次循环，p指向链表头一个结点。使用printf语句输出该结点的数据域。将p结点指针域next赋给p，p指向链表的下一个节点，进行下一次循环。第二次循环将输出链表第二个节点的数据，依此类推，直到输出所有节点的数据。循环结束的条件为p指向链表结束标记"NULL"。

9.7 程序设计举例

【例9-9】统计候选人得票数。假设有3名候选人，由10名选民参加投票选出1名代表。

```c
#include "stdio.h"
#include "string.h"
struct person
{    char name[20];
     int count;
}leader[3]={ "li",0, "zhang",0, "xue",0};
main( )
{    int i,j;
     char select[20];
     for (i=0;i<10;i++)
     { printf("%d\tPlease input your result: ",i+1);
       scanf("%s",select);
       for(j=0;j<3;j++)
       if(strcmp(leader[j].name,select)==0)  leader[j].count++;
     }
     printf("    The result    \n");
     for(j=0;j<3;j++)
```

```
        printf("%s\t%d\n",leader[j].name,leader[j].count);
}
```

程序运行结果如下：

1 Please input your result:li↙

2 Please input your result:li↙

3 Please input your result:zhang↙

4 Please input your result:li↙

5 Please input your result:xue↙

6 Please input your result:li↙

7 Please input your result:xue↙

8 Please input your result:xue↙

9 Please input your result:zhang↙

10 Please input your result:li↙

The result

li   5

zhang   2

xue   3

【例9-10】输入某学生的姓名、年龄和5门功课成绩，计算平均成绩并输出。

```
#include "stdio.h"
main( )
{    sturct student
    { char name[10]; int age;
        float score[5],ave;
    }stu;
    int i;
    stu.ave=0;
    scanf("%s%d",stu..name,&stu.age);
    for(i=0;i<5;i++)
    {    scanf("%f",&stu.score[i]);
        stu.ave+=stu.score[i]/5.0;
    }
    printf("%s%4d\n",stu.name,stu.age);
    for(i=0;i<5;i++)
        printf("%6.1f",stu.score[i]);
    printf("average=%6.1f\n",  stu.ave);
}
```

运行情况：

wang_li 21↙

82 77 91 68 85↙

wang_li 21

82.0　77.0　91.0　68.0　85.0　average=　80.6

【例9-11】利用共用体类型的特点分别取出int 型变量中的高字节和低字节中的两个数。

```
#include"stdio.h"
union change
{    int a;    char c[2];
}un;
main( )
{    un.a=16961;
     printf("un.a:%x\n",un.a);
     printf("un.c[0]:%d,%c\n",un.c[0],un.c[0]);
     printf("un.c[1]:%d,%c\n",un.c[1],un.c[1]);
}
```

运行情况：

un.a:4241

un.c[0]:65,A

un.c[1]:66,B

程序说明：共用体变量un中包含两个成员：字符数组c和整型变量a，它们恰好都是占有两个字节的存储单元。当给成员un.a赋值16961后，系统将按int型把数字存放到内存中。16961的十六进制形式为4241，对应的二进制形式为100001001000001。

【例9-12】有5名学生学了4门课程，编写程序算出4门课程的总成绩，并按总成绩进行排序，然后打印出成绩表。

```
#include "stdio.h"
struct student
{    int num;
     char name[20];
     char sex;
     float s[4];
     float sum;
};
main()
{    void sum(struct student *,int);
     void sort(struct student *,int);
     void print(struct student *,int);
     struct student a[5]={11,"wang Li",'f',66.,76.,83.,61.,0.,
                   13,"wang Lin",'m',69.,74.,63.,91.,0.,
                   16,"Liu Hua",'m',86.,76.,93.,61.,0.,
                   14,"Zhang Jun",'m',66.,66.,83.,61.,0.,
```

```
                    22,"Xu Xia",'f',65.,76.,93.,68.,0.};
    sum(a,5);
    sort(a,5);
    print(a,5);
}
void sum(struct student *p,int n)
{    int i,j;
     float d;
     for(i=0;i<n;i++)
     {    d=0.0;
          for(j=0;j<4;j++)
          d+=p->s[j];
          p->sum=d;
          p++;}
}
void sort(struct student *p,int n)
{    struct student t;
     int i,j,k;
     for(i=0;i<n-1;i++)
     {k=i;
     for(j=i+1;j<n;j++)
     if((p+k)->sum<(p+j)->sum)k=j;
     if(k!=i)
     {t=*(p+i);*(p+i)=*(p+k);*(p+k)=t;}
     }
}
void print(struct student *p,int n)
{    int i,j;
     for(i=0;i<n;i++)
     {printf("%-10d%-10s%5c%10.1f%5.1f%5.1f%5.1f%10.1f\n",p->num,p->name,p->sex,p->s[0],p->s[1],p->s[2],p->s[3],p->sum);
     p++;
     }
}
```

输出结果：

16	Liu Hua	m	86.0 76.0 93.0 61.0	316.0
22	Xu Xia	f	65.0 76.0 93.0 68.0	302.0
13	wang Lin	m	69.0 74.0 63.0 91.0	297.0
11	wang Li	f	66.0 76.0 83.0 61.0	286.0
14	Zhang Jun	m	66.0 66.0 83.0 61.0	276.0

5名学生的原始成绩以及学号、姓名、性别、总成绩存储在一个结构数组a中，总成绩

的初始值为0.。子函数sum用于计算学生的总成绩；子函数sort根据每名学生的总成绩进行由大到小的排序，采用选择法排序；子函数print输出成绩表。3个子函数都采用结构指针作为形参，函数调用时，形参指针均指向主函数结构数组的第0个元素。

9.8 二级真题解析

一、选择题

（1）若有以下语句：

typedef struct s

{ int g;char h; }T;

以下叙述中正确的是（   ）。

A. 可用S定义结构体变量   B. 可用T定义结构体变量

C. S是struct类型的变量   D. T是struct S类型的变量

【答案】B

【解析】此题考查的是结构体定义方式。S是定义的结构体的名字，本题中将T定义为struct S类型，即T是一个类型名。

（2）以下关于typedef的叙述，错误的是（   ）。

A. 用typedef可以增加新类型

B. typedef只是将已存在的类型用一个新的名字来代替

C. 用typedef可以为各种类型说明一个新名字，但不能用来为变量说明一个新名字

D. 用typedef可以为类型说明一个新名字，通常可以增加程序的可读性

【答案】A

【解析】在C语言中，用typedef可以为类型说明一个新名字，这样可以增加程序的可读性，被声明的新类型名字只是原类型的一个新的名字，而不是一种新类型。

（3）以下结构体定义语句中，错误的是（   ）。

A. struct ord {int x; int y; int z;}; struct ord a;

B. struct ord {int x; int y; int z;} struct ord a;

C. struct ord {int x; int y; int z;} a;

D. struct {int x; int y; int z;} a;

【答案】B

【解析】在C语言中，定义结构体变量有三种方式：一是先声明类型再定义变量，如A选项；二是声明类型的同时定义变量，如C选项；三是直接定义结构体类型的变量，如D选项。

（4）若有以下语句：

struct complex

{ int real,ubreal;}data1={1,8},data2;

以下赋值语句中错误的是（   ）。

A. data2= data1;   B. data2=（2，6）；

C. data2.real=data1.real;　　　　　　D. data2.real=data1.unreal;

【答案】B

【解析】选项B需要强制类型转换，应该为（struct complex）（2，6）。

二、填空题

以下程序中函数fun的功能是：统计person所指结构体数组中所有性别（sex）为M的记录的个数，存入变量n中，并作为函数值放回。请填空（　　　　）。

```
#include<stdio.h>
#define N 3
tepedef struct
{ int num; char nam[10]; char sex;}SS;
int fun(SS person[])
{    int I,n=0;
     for(i=0;i<N;i++)
       if(         =='M')n++;
     return n;
}
main( )
{    SS w[N] ={{1,"AA", 'F' },{2,"BB", 'M' }{3,"CC", 'M' };int n;
     N=fun(w);
     printf("n=%d\n",n);
}
```

【答案】person[i].sex

【解析】函数fun(SS person[])中对person[]的性别进行判断。

9.9 习题

一、选择题

（1）有以下的结构体变量定义语句：

struct student {   int num;char name[9];   }stu;

则下列叙述中错误的是（　　　）。

A. 结构体类型名为student　　　　B. 结构体类型名为stu

C. num是结构体成员名　　　　　　D. struct是C的关键字

（2）union data

{   int i; char c;float f;   };

定义了（　　　）。

A. 共用体类型data　　　　　　　　B. 共用体变量 data

C. 结构体类型 data　　　　　　　　D. 结构体变量data

（3）下面对枚举类型的叙述，不正确的是（　　　）。

A. 定义枚举类型用enum 开头

B. 枚举常量的值是一个常数

C. 一个整数可以直接赋给一个枚举变量。

D. 枚举值可以用来作判断比较

（4）union ctype

{　　int i;　char ch[5];　　}a;

则变量a占用的字节个数为（　　　）。

A. 6　　　　　　　　B. 5　　　　　　　　C. 7　　　　　　　　D. 2

（5）设有如下定义，则对data中的a成员的正确引用是（　　　）。

typedef union{ling i; int k[5]; char c;}DATA;

struct data{int cat;DATA cow;double dog;}zoo;

DATA max;

则下列语句：printf("%d",sizeof(zoo)+sizeof(max));的执行结果是（　　　）。

A. 26　　　　　　B. 30　　　　　　C. 18　　　　　　D. 8

（6）定义结构体的关键字是（　　　）。

A. struct　　　　　B. typedef　　　　　C. enum　　　　　D. union

（7）下面说法中错误的是（　　　）。

A. 共用体变量的地址和它各成员的地址都是同一地址

B. 共用体内的成员可以是结构变量，反之亦然

C. 函数可以返回一个共用体变量

D. 在任一时刻，共用体变量的各成员只有一个有效

（8）使用共用体变量，不可以（　　　）。

A. 同时访问所有成员　　　　　　　　B. 进行动态管理

C. 节省存储空间　　　　　　　　　　D. 简化程序设计

（9）对结构体类型变量成员的访问，无论数据类型如何，都可使用的运算符是（　　　）。

A. &　　　　　　　B. .　　　　　　　C. *　　　　　　　D. ->

（10）若要使p指向data中的a域，正确的赋值语句是（　　　）。

A. p=(struct sk*) data.a　　　　　　B. *p=data.a

C. p=&data.a　　　　　　　　　　　D. p=&data,a

（11）若有以下说明，则对结构体变量stud1中成员age的不正确引用是（　　　）。

struct student

{　　int age; int num;　　}stud1,*p;

A. student.age　　B. p->age　　　　　C. stud1.age　　　　D. (*p).age

二、填空题

（1）结构体是不同数据类型的数据集合，作为数据类型，必须先说明结构体_____，再说明结构体变量。

（2）设有以下结构类型说明和变量定义，则变量a在内存中所占字节数是_____。

struct stud { char name[10];   float s[4];   double ave; } a,*p;

（3）设有以下共用体类型说明和变量定义，则变量c在内存所占字节数是 _____。

union stud { short int num; char name[10];float score[5];   double ave; } c;

第10章 文件

在前面章节的阐述中，已多次涉及计算机的输入输出操作，这些输入输出操作仅对输入输出设备进行：从键盘输入数据，或将数据从显示器或打印机输出。通过这些常规输入输出设备，有效地实现了微型计算机与用户的联系。

然而，在实际应用系统中，仅仅使用这些常规外部设备是很不够的。使用微型计算机解决实际问题时往往需要处理大量的数据；并且希望这些数据不仅能被本程序使用，而且也能被其他程序使用。通常在计算机系统中，一个程序运行结束后，它所占用的内存空间将全部被释放，该程序涉及的各种数据所占用的内存空间也将被其他程序或数据占用而不能被保留。为保存这些数据，必须将它们以文件形式存储在外存储器（如U盘）中；当其他程序要使用这些数据，或该程序还要这些数据时，再以文件形式将数据从外存读入内存。尤其是在用户处理的数据量较大，数据存储要求较高，处理功能需求较多的场合，应用程序总要使用文件操作功能。

10.1 文件的概念

文件是指一组相关数据的有序集合，这个数据集的名称就叫文件名。实际上在前面的各章中我们已经多次使用了文件，例如源程序文件、目标文件、可执行文件、库文件（头文件）等。文件通常是驻留在外部介质（如磁盘等）上的，在使用时才调入内存中来。从不同的角度可对文件作不同的分类。

（1）从用户的角度，文件可分为普通文件和设备文件。

普通文件是指驻留在磁盘或其他外部介质上的一个有序数据集，可以是源文件、目标文件、可执行程序；也可以是一组待输入处理的原始数据，或者是一组输出的结果。对于源文件、目标文件、可执行程序可以称作程序文件，对输入输出数据可称作数据文件。

设备文件是指与主机相连的各种外部设备，如显示器、打印机、键盘等。在操作系统中，把外部设备也看做是一个文件来进行管理，把它们的输入、输出等同于对磁盘文件的读和写。通常把显示器定义为标准输出文件，一般情况下，在屏幕上显示有关信息就是向标准输出文件输出，如前面经常使用的printf（）、putchar（）函数就是这类输出。键盘通常被指定标准的输入文件，从键盘上输入就意味着从标准输入文件上输入数据，如scanf（）、getchar（）函数就属于这类输入。

（2）从文件中数据编码的方式，文件可分为ASCII码文件和二进制码文件。

ASCII文件也称为文本文件，该文件在磁盘中存放数据或程序时，每个字符占用一个字节，用于存放对应的ASCII码。ASCII码文件可在屏幕上按字符显示，例如源程序文件就是ASCII文件，用DOS命令TYPE可显示文件的内容。由于是按字符显示，因此能读懂文件内容。

二进制文件是按二进制的编码方式来存放文件的。二进制文件虽然也可在屏幕上显示，但其内容无法读懂。

C系统在处理这些文件时，并不区分类型，都看成是字符流，按字节进行处理。输入输出字符流的开始和结束只由程序控制而不受物理符号（如回车符）的控制，因此也把这种文件称作流式文件。

在C语言中，没有输入输出语句，对文件的读写都是用库函数来实现的。ANSI规定了标准输入输出函数对文件进行读写。

C语言中可利用ANSI标准定义的一组完整的I/O操作函数来存取文件，这称为缓冲文件系统。但旧的UNIX系统下使用的C还定义了另一组叫非缓冲文件系统。

缓冲文件系统是指系统自动地在内存区为每个正在使用的文件开辟一个缓冲区。从内存向磁盘输出数据时，必须首先输出到缓冲区中。待缓冲区装满后，再一起输出到磁盘文件中。从磁盘文件向内存读入数据时，则正好相反：首先将一批数据读入到缓冲区中，再从缓冲区中将数据逐个送到程序数据区。

非缓冲文件系统是指系统缓冲区的大小和位置由程序员根据需要自行设定，现在该系统已经基本上不用了。

存取文件的过程与其他语言中的处理过程类似，通常按如下顺序进行：

　　…

打开文件

　　…

读写文件（若干次）

　　…

关闭文件

这个处理顺序表明：一个文件被存取之前首先要打开它，只有文件被打开后才能进行读、写操作，文件读、写完毕后必须关闭。

系统给每个打开的文件都在内存中开辟一个区域，用于存放文件的有关信息（如文件名、文件位置等）。这些信息保存在一个结构类型变量中，该结构类型由系统定义，取名为"FILE"。

Turbo C中的FILE结构类型定义如下：

```
Typedef struct
{    short            level;          /* 缓冲区满或空的程度 */
     unsigned         flags;          /* 文件状态标志 */
     char             fd;             /* 文件描述符 */
     unsigned char    hold;           /* 如缓冲区不读取字符 */
     short            bsize;          /* 缓冲区的大小 */
     unsigned char    *buffer;        /* 数据缓冲区的位置 */
     unsigned char    *curp;          /* 指针当前的指向 */
     unsigned         istemp;         /* 临时文件指示器 */
     short            token;          /* 用于有效性检查 */
}FILE;                                /* 自定义文件类型名FILE */
```

结构类型名"FILE"必须大写。用FILE可以定义FILE类型的变量，使之与文件建立联系。如：

FILE *fp1，*fp2； /*定义了两个文件类型的指针变量，可以打开两个文件*/

只有使用FILE类型结构体的指针变量，才可以访问FILE类型的数据，才可以管理和使用内存缓冲区中文件的信息，从而与磁盘文件建立联系。该类型的定义放在头文件stdio.h中，在进行文件操作时一定要包含该头文件。

10.2 文件的使用方法

10.2.1 文件的打开和关闭

对文件进行操作之前，必须先打开该文件，文件使用结束后，应立即关闭，以免数据丢失。C语言提供标准输入输出函数库实现文件的打开和关闭，用fopen()函数打开一个文件，用fclose()函数关闭一个文件。对文件操作的库函数，函数原型均在头文件stdio.h中。后续函数不再赘述。

1. 文件的打开

使用fopen（）函数打开文件，一般调用格式是：

FILE *fp；

fp=fopen（"文件名"，"操作方式"）；

功能：返回一个指向指定文件的指针，与指定的文件建立联系。

如：fp = fopen("data1.dat", "r")；

上语句表明以只读文本的方式打开当前目录下的文件data1.dat。又如：

FILE *fph；

fph=("c:\\f1.c","rb")；

其意义是打开C驱动器磁盘的根目录下的文件f1.c，这是一个二进制文件，只允许按二进制方式进行读操作。

实际上在打开文件时规定了三个操作：打开哪个文件、以何种方式打开、与哪个文件指针建立联系。其中，文件名是指要打开（或创建）的文件名，文件名中可以用字符串常量、字符数组名（或字符指针变量）表示，还可以包含盘符和路径。文件的打开方式有多种形式，如表10-1所示。

表10-1 文件的打开方式

文件打开方式	含义	文件的打开方式	含义
r（只读文本）	为输入打开文本文件	r+（读写文本）	为读/写打开文本文件
w（只写文本）	为输出打开文本文件	w+（读写文本）	为读/写建立一个新的文本文件
a（追加文本）	向文本文件尾部追加数据	a+（读写文本）	为读/写打开文本文件
rb（只读二进制）	为输入打开二进制文件	rb+（读写二进制）	为读/写打开二进制文件
wb（只写二进制）	为输出打开二进制文件	wb+(读写二进制)	为读/写建立一个新的二进制文件
ab（追加二进制）	向二进制文件尾部追加数据	ab+（读写二进制）	为读/写打开二进制文件

说明：

（1）w、wb、w+、wb+：该文件已存在，原有内容全部清除，准备接收新内容；该文件不存在，建立该文件，准备接收新内容。

（2）a、ab、a+、ab+：该文件已存在，末尾追加数据；不存在，建立该文件，准备接收新内容。

（3）r、rb：该文件必须已经存在，且只能读文件。

（4）r+、rb+：该文件必须已经存在，不写先读→读出原内容；先写后读→覆盖原内容。

如果不能实现打开指定文件的操作，则fopen()函数返回一个空指针NULL（其值在头文件stdio.h中被定义为0）。为增强程序的可靠性，常用下面的方法打开一个文件：

```
if((fp=fopen("文件名","操作方式"))==NULL)
{    printf("can not open this file\n");
     exit(0);
}
```

exit（）函数的功能是：终止程序执行，关闭文件并返回DOS，它定义在stdio.h中。

使用文本文件向计算机系统输入数据时，系统自动将回车换行符转换成一个换行符；在输出时，将换行符转换成回车和换行两个字符。使用二进制文件时，内存中的数据形式与数据文件中的形式完全一样，就不再进行转换。

有些C编译系统，可能并不完全提供上述对文件的操作方式，或采用的表示符号不同，请注意所使用系统的规定。在程序开始运行时，系统自动打开3个标准文件，并分别定义了文件指针：

（1）标准输入文件——stdin：指向终端输入（一般为键盘）。如果程序中指定要从stdin所指的文件输入数据，就是从终端键盘上输入数据。

（2）标准输出文件——stdout：指向终端输出（一般为显示器）。

（3）标准错误文件——stderr：指向终端标准错误输出（一般为显示器）。

2. 文件的关闭

关闭文件就是使文件指针变量与文件"脱钩"，同时将内存文件写入磁盘，此后不能再通过该指针对其相连的文件进行读写操作，除非再次打开，使该指针变量重新指向该文件。用fclose（）函数关闭文件，函数调用的一般格式是：

fclose（文件指针）；

例如：fclose(fp）；

fclose（）函数也带回一个值：当顺利地执行了关闭操作，则返回值为0；如果返回值为非零值，则表示关闭时有错误。

应该养成在程序终止之前关闭所有使用的文件的习惯，如果不关闭文件，将会丢失数据。用fclose（）函数关闭文件，它先把缓冲区中的数据输出到磁盘文件然后才释放文件指针变量。

10.2.2 文件的读写

文件打开之后，就可以对其进行读写操作。在C语言中提供了多种文件读写的函数：

· 字符读写函数：fgetc（）和fputc（）

· 字符串读写函数：fgets（）和fputs（）

· 数据块读写函数：freed（）和fwrite（）

· 格式化读写函数：fscanf（）和fprinf（）

使用以上函数都要求包含头文件stdio.h。在本节的内容中，fp是一个已经定义好的文件指针。

1. 读一个字符函数fgetc()

调用格式：fgetc（fp）；

功能：从fp所指向的文件中，读出一个字符到内存，同时将读写位置指针向前移动1个字节（即指向下一个字符）。函数的返回值就是读出的字符，该函数无出错返回值。

使用该函数时，文件必须是以读或读写方式打开的。通常，读出的字符会赋给一个变量。该函数的调用常使用：

ch=fgetc（fp）；

ch为字符变量，fgetc函数带回一个字符，赋给ch。如果执行fgetc（）读字符时遇到文件结束符，函数返回一个文件结束标志EOF。

【例10-1】读出文件f71.c中的字符输出到屏幕上。

```
#include"stdio.h"
main( )
{    FILE *fp;                              /*定义文件指针*/
     char ch;
     if((fp=fopen("f71.c","r"))==NULL)      /*打开文件失败*/
     {  printf("Cannot open file!");
        exit(0);
     }
     ch=fgetc(fp);                          /*从文件中读一个字符*/
     while (ch!=EOF)
     {  putchar(ch);                        /*将字符输出到屏幕上*/
        ch=fgetc(fp);
     }
     fclose(fp);                            /*关闭文件*/
}
```

上例题程序的功能是：从文件中逐个读取字符，在屏幕上显示。程序定义了文件指针fp，以读文本文件方式打开文件f71.c，并使fp指向该文件。若打开文件出错，给出提示并退出程序。程序中使用语句ch=fgetc(fp);先读出一个字符，然后进入循环，只要读出的字符不是文件结束标志（每个文件末有一结束标志EOF）就把该字符显示在屏幕上，再读入下一字符。每读一次，文件内部的位置指针向后移动一个字符，文件结束时，该指针指向EOF。执行本程序将显示整个文件的内容。

2. 写一个字符函数fputc( )

调用格式：fputc（ch，fp）；

其中：ch是要写入的字符，它可以是一个字符常量或字符变量；fp是文件指针变量。

功能：将字符（ch的值）写入到fp所指向的文件中，同时将读写位置指针向前移动1个字节（即指向下一个写入位置）。

如果写入成功，则函数返回值就是写入的字符数据；否则，返回一个符号常量EOF（其值在头文件stdio.h中，被定义为-1）。

（1）关于符号常量EOF。

在对ASCII码文件执行写入操作时，如果遇到文件尾，则写操作函数返回一个文件结束标志EOF（其值在头文件stdio.h中被定义为-1）。

在对二进制文件执行读出操作时，必须使用库函数feof()来判断是否遇到文件尾。

（2）库函数feof( )。

调用格式：feof(fp);

功能：在执行读文件操作时，如果遇到文件尾，则函数返回逻辑真（1）；否则，则返回逻辑假（0）。feof()函数同时适用于ASCII码文件和二进制文件。

【例10-2】从键盘上输入一组字符，将它们写入磁盘文件中去并输出，直到输入一个"#"为止。

```c
#include"stdio.h"
main( )
{    FILE *fp;
     char ch, filename[10];
     scanf("%s",filename);                        /*从键盘输入要操作的文件名*/
     if ((fp=fopen(filename,"w"))==NULL)
         {printf("cannot open file \n");
         exit(0);
     }
     while((ch=getchar( ))!= '#')
        fputc(ch, fp);                            /*向文件中写入一个字符*/
     fclose(fp);
     if ((fp=fopen(filename,"r"))==NULL)
     {    printf("cannot open file \n");
         exit(0);
     }
     while((ch=fgetc(fp))!= '#')
         putchar(ch);
     fclose(fp);
}
```

上例题程序中第6行以写文本文件方式打开文件。程序第10行从键盘输入一个字符后进入循环，当读入字符不为"#"时，则把该字符写入文件之中，然后继续从键盘输入下一字符。每输入一个字符，文件内部位置指针向后移动一个字节。写入完毕，该指针已指向文件末，关闭文件。然后以读文本文件方式打开文件，文件指针移向文件头，使用循环读出的字符不是文件结束标志就把该字符显示在屏幕上，再读出下一字符。每读一次，文件内部的位置指针向后移动一个字符，文件结束时，该指针指向EOF。

【例10-3】将一个磁盘文件中的信息复制到另一个磁盘文件中。

```c
#include"stdio.h"
main( )
{    FILE *in,*out;
     char ch, infile[10], outfile[10];
     printf("Enter the infile name:\n");
     scanf("%s", infile);
     printf("Enter the outfile name:\n");
     scanf("%s", outfile);
```

```
        if ((in=fopen(infile,"r"))==NULL)
        {    printf( "cannot open infile\n");
             exit(0);
        }
        if((out=fopen(outfile,"w"))==NULL)
        {    printf("cannot open outfile\n");
             exit(0);
        }
        while(!feof(in))
          fputc(fgetc(in),out);
        fclose(in);
        fclose(out);
}
```

    feof（fp）用来测试fp所指向的文件当前状态是否"文件结束"。如果是文件结束，函数feof（fp）的值为1，否则为0。如果想顺序读入一个二进制文件中的数据，可以用：
    while (!feof(fp))
    {   c=fgetc(fp);
         ……   }
    当遇文件结束，feof(fp)的值为0，！feof(fp)的值为1，读入一个字节的数据赋给整型变量c。直到遇到文件结束，feof(fp)值为1，不再执行while循环。

    3. 读一个字符串函数fgets（ ）
    调用格式：fgets(str，n，fp);
    功能：从fp所指向的磁盘文件中读出n-1个字符，并把它们放到字符数组str中。如果在读出n-1个字符结束之前遇到换行符或EOF，读出即结束。字符串读出后在最后加一个'\0'字符，fgets（ ）函数返回值为str的首地址。

    4. 写一个字符串函数fputs（ ）
    调用格式：fputs(str，fp);
    功能：将字符串str写入到fp所指向的磁盘文件中，同时将读写位置指针向前移动strlength（字符串长度）个字节。如果写入成功，则函数返回值为0；否则，为非0值。
    str可以是一个字符串常量，或字符数组名，或字符指针变量名。
    【例10-4】将键盘上输入的一个长度不超过80的字符串以ASCII码形式存储到一个磁盘文件中，然后再输出到屏幕上。

```
#include"stdio.h"
main( )
{    FILE *fp;
     char str[81], name[10];
     gets(name);                           /*从键盘输入一个字符串*/
     if((fp=fopen(name,"w"))==NULL)
     {  printf("can not open this file\n");
        exit(0);
```

```
        }
        gets(str);
        fputs(str, fp);                          /*向文件写入一个字符串*/
        fclose(fp);
        if((fp=fopen(name,"r"))==NULL)
        {printf("can not open this file\n");
            exit(0);
        }
        fgets(str,strlen(str)+1,fp);             /*从文件中读取一个字符串*/
        printf("Output the string: ");
        puts(str);                               /*输出一个字符串*/
        fclose(fp);
}
```

上例题程序中定义了一个字符数组str共81个字节，调用函数gets(str)从键盘上输入一个字符串，然后使用语句fputs(str, fp);把字符串写入文件fp指向的文件，关闭文件。然后以只读方式打开文件，使用语句fgets(str, strlen(str)+1, fp);把文件fp指向的文件中的字符写入数组中，输出数组到屏幕。

实际应用中常常需要对文件一次读写1个数据块，为此，ANSI C 标准提供了 fread( )和fwrite( )函数。

5. 读一个数据块函数fread ( )

调用格式：fread(buf, size, count, fp);

功能：从fp所指向文件的当前位置开始，读出count个size大小的数据存放到从buf开始的内存中；同时，将读写位置指针向前移动size* count个字节。其中，buf是存放从文件中读出数据的起始地址。

6. 写一个数据块函数fwrite ( )

调用格式：fwrite(buf,size,count,fp);

功能：将内存地址buf中的count个size大小的数据写入到fp所指向的文件中。同时，将读写位置指针向前移动size* count个字节。

buf是数据块在内存中的存放处，通常为数组名或指针，对fwrite ( )而言，buf中存放的就是要写入到文件中去的数据；对fread ( )而言，从文件中读出的数据被存放到指定的buf中。

如果调用fread( )或fwrite( )成功，则函数返回值等于count。fread( )和fwrite( )函数，一般用于二进制文件的处理。

【例10-5】从键盘输入4个学生数据，然后把它们存储到磁盘文件student.txt中，再读出这4个学生的数据显示在屏幕上。

```
#include"stdio.h"
struct stu
{    char name[10];
    int num;
    int age;
```

```
        char addr[15];
    }boya[4],boyb[4],*pp,*qq;
    main()
    {   FILE *fp;
        char ch;
        int i;
        pp=boya;
        qq=boyb;
        if((fp=fopen("student.txt","w"))==NULL)
    {   printf("Cannot open file strike any key exit!");
        exit(0);
    }
    for(i=0;i<4;i++,pp++)
        scanf("%s%d%d%s",pp->name,&pp->num,&pp->age,pp->addr);
    pp=boya;
    fwrite(pp,sizeof(struct stu),4,fp);            /*向文件中写入一个学生信息块*/
    fclose(fp);
    if((fp=fopen("student.txt","r"))==NULL)
    {   printf("Cannot open file strike any key exit!");
        exit(0);
    }
    fread(qq,sizeof(struct stu),4,fp);              /*从文件中读出一个学生信息块*/
    for(i=0;i<4;i++,qq++)
        printf("%s\t%5d%7d%s\n",qq->name,qq->num,qq->age,qq->addr);
    fclose(fp);
}
```

　　上例题程序中定义了一个结构体stu，定义了2个结构数组boya和 boyb，以及2个结构指针变量pp和qq。pp指向boya，qq指向boyb。程序中首先以写方式打开文件student.txt，输入4个学生数据之后，写入该文件中；然后以读方式打开文件student.txt，把文件内部位置指针移到文件首，读出4块学生数据后，在屏幕上显示。

　　7. 文件格式化输入函数fscanf（）

　　调用格式：　　　　fscanf（fp ，"格式符"，地址列表）；

　　功能：按照格式符中指定的格式从fp所指向文件中读出数据到指定的地址列表中。

　　8. 文件格式化输出函数fprintf（）

　　调用格式：fprintf（fp ，"格式符"，变量列表）；

　　功能：按照格式符中指定的格式把变量列表的数据写入到fp所指向文件中。

　　fscanf（）与scanf（）的功能相同，只不过fscanf是针对磁盘等设备文件的，而scanf只能从stdin（键盘）读入；同理，fprintf与printf的功能相同，fprintf将数据送到指定的盘文件中去，而printf仅把输出数据送到stdout（显示器）上。

　　例如：int i=3; float f=9.80;

　　fprintf(fp,"%2d,%6.2f", i, f);

fprintf( )函数的作用是，将变量i按%2d格式、变量f按%6.2f格式，以逗号作分隔符，输出到fp所指向的文件中：□3,□□9.80（□表示1个空格）。

【例10-6】使用格式化读写函数解决例10-5。

```
#include"stdio.h"
struct stu
{    char name[10];
     int num;
     int age;
     char addr[15];
}boya[4],boyb[4],*pp,*qq;
main( )
{    FILE *fp;
     char ch;
     int i;
     pp=boya;
     qq=boyb;
     if((fp=fopen("stu_list","w"))==NULL)
     {    printf("Cannot open file strike any key exit!");
          exit(0);
     }
     for(i=0;i<4;i++,pp++)
          scanf("%s%d%d%s",pp->name,&pp->num,&pp->age,pp->addr);
     pp=boya;
     for(i=0;i<2;i++,pp++)
          fprintf(fp,"%s %d %d %s\n",pp->name,pp->num,pp->age,pp->addr);
     fclose(fp);
     if((fp=fopen("student.txt","r"))==NULL)
     {    printf("Cannot open file strike any key exit!");
          exit();
     }
     for(i=0;i<4;i++,qq++)
          fscanf(fp,"%s %d %d %s\n",qq->name,&qq->num,&qq->age,qq->addr);
     qq=boyb;
     for(i=0;i<4;i++,qq++)
          printf("%s\t%5d %7d %s\n",qq->name,qq->num, qq->age,qq->addr);
     fclose(fp);
}
```

与例7-5相比，本程序中fscanf（ ）和fprintf（ ）函数每次只能读写一个结构数组元素，因此采用了循环语句来读写全部数组元素。还要注意指针变量pp、qq由于循环改变了它们的值，因此在程序中分别对它们重新赋予了数组的首地址。

10.2.3 文件的定位

文件中有一个读写位置指针,指向当前的读写位置,每次读写1个(或1组)数据后,系统自动将位置指针移动到下一个读写位置上。如果想改变系统这种读写规律,可使用有关文件定位的函数。

1. 位置指针复位函数rewind( )

调用格式: rewind(fp);

功能:使文件的位置指针返回到文件头。

【例10-7】有一个磁盘文件,第一次将它的内容显示在屏幕上,第二次把它复制到另一文件上。

```c
#include "stdio.h"
main( )
{    FILE *fp1, *fp2;
    fp1=fopen("file1.c","r");
    fp2=fopen("file2.c","w");
    while(!feof(fp1))
       putchar(getc(fp1));
    rewind(fp1);                    /*file1.c中的文件指针复位*/
    while(!feof(fp1))
       putc(getc(fp1),fp2);
    fclose(fp1);
    fclose(fp2);
}
```

上例题程序中首先打开文件file1.c,将其内容显示在屏幕上,这时文件指针位于文件尾部,在进行将file1.c中的内容写入到文件file2.c中之前,首先使file1.c中的文件指针复位,在程序中使用语句rewind(fp1);实现。

2. 位置指针随机定位函数fseek()

对于流式文件,既可以顺序读写,也可随机读写,关键在于控制文件的位置指针。所谓顺序读写,是指读写完当前数据后,系统自动将文件的位置指针移动到下一个读写位置上。所谓随机读写是,指读写完当前数据后,可通过调用fseek()函数,将位置指针移动到文件中任何一个地方。

调用格式: fseek(fp,位移量w,起始点);

功能:将指定文件的位置指针从起始点开始向前或向后移动位移量个字节数,使位置指针移到距起始点偏移w个字节处。

起始点可为:0、1、2,分别表示文件开始、当前位置、文件末尾。

例如:

fseek(fp,100L,0);   /*以文件头为起点,向前移动100个字节的距离*/

fseek(fp,50L,1);   /*以当前位置为起点,向前移动50个字节的距离*/

fseek(fp,−10L,2);   /*以文件尾为起点,向后移动10个字节的距离*/

fseek函数一般用于二进制文件。

【例10-8】在磁盘文件上存有10个学生的数据。要求将第1、3、5、7、9个学生的数据输入计算机，并在屏幕上显示出来。

```c
#include "stdio.h"
typedef struct
{    char name[10];
     int num;
     int age;
     char sex;
}STU;
main( )
{    int i;
     STU st[10];
     FILE *fp;
     if((fp=fopen("stud.dat","rb"))==NULL)
{    printf("cannot open file\n");
     exit(0);
}
     for(i=0;i<10; i+=2)
{    fseek(fp,i*sizeof(STU),0);
     fread(&st[i],sizeof(STU),1,fp);
     printf("%s %d %d %c\n",st[i].name,st[i].num,st[i].age,st[i].sex);
}
     fclose(fp);
}
```

3. 返回文件当前位置的函数ftell( )

调用格式：ftell(fp);

功能：返回文件位置指针的当前位置（用相对于文件头的位移量表示）。如果返回值为 $-1L$，则表明调用出错。例如：

offset=ftell(fp);

if(offset= =−1L)printf("ftell( ) error\n");

4. 出错检测函数

（1）文件操作出错测试函数ferror( )。

在调用输入输出库函数时，如果出错，除了函数返回值有所反映外，也可利用ferror()函数来检测。

调用格式：ferror(fp);

功能：如果函数返回值为0，表示未出错；如果返回一个非0值，表示出错。

对同一文件，每次调用输入输出函数均产生一个新的ferror( )函数值。因此在调用了输入输出函数后，应立即检测，否则出错信息会丢失。在执行fopen( )函数时，系统将ferror( )的值自动置为0。

（2）清除错误标志函数clearerr( )函数。

调用格式：clearerr (fp);

功能：将文件错误标志（即ferror( )函数的值）和文件结束标志（即feof( )函数的值）置为0。对同一文件，只要出错就一直保留，直至遇到clearerr( )函数或rewind( )函数，或其他任何一个输入输出库函数。

10.3 程序设计举例

【例10-9】编写程序，把输入的字符中的小写字母全部转换成大写字母输出到一个磁盘文件"test"中保存（用字符!表示输入字符串的结束）。

```
#include"stdio.h"
main( )
{    FILE *fp;
    char str[100];
    int i=0;
    if((fp=fopen("test","w"))==NULL)
    {   printf("Can not open this file.");
        exit(0);
    }
    gets(str);
    while(str[i]!= '! ')
    {    if(str[i]>= 'a'&&str[i]<= 'z')
            str[i]=str[i]-32;
        fputc(str[i],fp);
        i++;
    }
    fclose(fp);
}
```

【例10-10】编写程序对data.dat文件写入100以内所有的素数。

```
#include"stdio.h"
main( )
{    FILE *fp;
    int i,m;
    fp=fopen("date.dat","w");
    for(m=2;m<=100;m++)
    {    for(i=1;i<=m/2;i++)
        if(m%i==0)    break;
        if(i>=m/2)    fprintf(fp,"%d",m);
    }
```

```
        fclose(fp);
    }
```

【例10-11】设有一文件cj.dat存放了50个人的成绩（英语、计算机、数学），存放格式为：每人一行，成绩间由逗号分隔。计算3门课平均成绩，统计个人平均成绩高于或等于90分的学生人数。

```
#include"stdio.h"
main( )
{   FILE *fp;
    int num;
    float x，y，z，s1，s2，s3 ;
    fp=fopen ("cj.dat","r");
    {   fscanf(fp,"%f,%f,%f",&x,&y,&z);
        s1=s1+x;
        s2=s2+y;
        s3=s3+z;
        if((x+y+z)/3>=90)
            num=num+1;
    }
    printf("分数高于90的人数为：%.2d",num);
    fclose(fp);
}
```

【例10-12】统计上题cj.dat文件中每个学生的总成绩，并将原有数据和计算出的总分数存放在磁盘文件"stud"中。

```
#include"stdio.h"
main( )
{   FILE *fp1,*fp2;
    float x,y,z;
    fp1=fopen("cj.dat","r");
    fp2=fopen("stud","w");
    while(!feof(fp1))
    {   fscanf (fp1,"%f,%f,%f",&x,&y,&z);
        printf("%f,%f,%f,%f\n",x,y,z,x+y+z);
        fprintf(fp2,"%f,%f,%f,%f\n",x,y,z,x+y+z);
    }
    fclose(fp1);
    fclose(fp2);
}
```

10.4 二级真题解析

一、选择题

（1）以下关于C语言文件的叙述中，正确的是（　　）。

A. 文件由一系列数据排列组成，只能构成二进制文件

B. 文件由结构序列组组成，可以构成二进制文件或文本文件

C. 文件由数据序列组组成，可以构成二进制文件或文本文件

D. 文件由字符序列组组成，只能构成文本文件

【答案】C

【解析】文件由数据序列组组成，可以构成二进制文件，也可以构成文本文件。

（2）设fp已经定义，执行语句fp=fopen（"file"，"w"）;后，以下针对文本文件file操作叙述的选项，正确的是（　　）。

A. 写操作结束后，可以从头开始读 　　　　B. 只能写不能读

C. 可以在原文件内容后追加写 　　　　　　D. 可以随意读和写

【答案】B

【解析】函数fopen以只写打开文件file。

（3）读取二进制文件的函数调用方式为：fread(buffer,size,count,fp);,其中buffer代表的是（　　）。

A. 一个文件指针，指向读取的文件

B. 一个整型变量，代表待读取的数据的字节数

C. 一个内存块的首地址，代表读入数据存放的地址

D. 一个内存块的字节数

【答案】C

【解析】函数fread的参数buffer是一个指针，其值是fread函数读入数据后在内存中的存放地址。

二、填空题

以下程序打开新文件f.txt，并调用字符输出函数将a数组中的字符写入其中，请填空。

```c
#include<stdio.h>
main( )
{ _____*fp;
    char a[5]={ '1',' 2',' 3',' 4',' 5' },i;
    fp=fopen("f.txt","w");
    for(i=0;i<5;i++)fputc(a[i],fp);
    fclose(fp);
}
```

【答案】FILE

【解析】这里需要定义文件指针，定义文件指针的格式为：FILE *变量名。

10.5 习题

一、选择题

（1）下列关于C语言文件的叙述，正确的是（　　　）。

A. 文件由ASCⅡ字符组成，C语言只能读写文本文件

B. 文件由二进制数据序列组成，C语言只能读写二进制文件

C. 文件由记录序列组成，可按数据的存储形式分为二进制文件和文本文件

D. 文件由数据流组成，可按数据的存储形式分为二进制文件和文本文件

（2）下列关于C语言文件的叙述，错误的是（　　　）。

A. C语言中文本文件以ASCⅡ形式存储

B. C语言中对二进制的访问速度比文本文件快

C. C语言中随机读写方式不适合于文本文件

D. C语言中顺序读写方式不适合于二进制文件

（3）C语言中用于关闭文件的库函数是（　　　）。

A. fopen　　　　　B. fclose　　　　　C. fseek　　　　　D. rewind

（4）假设fp是一个已经指向一个文件的指针，在没有遇到文件结束标志时，函数feof(fp)的返回值是（　　　）。

A. 0　　　　　　B. 1　　　　　　C. -1　　　　　　D. 不确定

（5）在函数fopen()中使用"a+"方式打开一个已经存在的文件，以下叙述正确的是（　　　）。

A. 文件打开时，原有内容不被删除，位置指针移动到文件尾，可追加和读文件

B. 文件打开时，原有内容不被删除，位置指针移动到文件首，可重写和读文件

C. 文件打开时，原有内容被删除，只可做写操作

D. 以上三种说法都不正确

二、程序分析题

（1）执行以下程序后，test.txt文件的内容是（若文件能正常打开）（　　　）。

```
#include"stdio.h"
main( )
{   FILE *fp;
    char *s1="Fortran", *s2="Basic";
    if((fp=fopen("test.txt","wb"))==NULL)
    {   printf("Can't open test.txt file\n");
        exit(0);
    }
```

```
        fwrite(s1,7,1,fp);
        fseek(fp,0L,SEEK_SET);
        fwrite(s2,5,1,fp);
        fclose(fp);
    }
```

（2）现有两个C程序文件T18.c和myfun.c同在TC系统目录（文件夹）下，其中T18.c文件如下：

```
#include"stdio.h"
#include"myfun.c"
main( )
{   fun();
    printf("\n");
}
```

myfun.c文件如下：

```
void fun()
{   char s[80],c;
    int n=0;
    while((c=getchar())!='\n')
       s[n++]=c;
    n--;
    while(n>=0)
       printf("%c", s[n--]);
}
```

当编译连接通过后，运行程序T18时，输入Thank，则输出结果是（   ）。

三、填空题

（1）从键盘输入一行字符，输出到磁盘文件file.txt中。

```
#include"stdio.h"
main( )
{   FILE *&p;
    char str[80];
    if(   (1)   ==NULL)
    {   printf("*****");
        exit(0);
    }
    while(strlen(gets(str))>0)
    {   fputs(str,fp);
        fputs('\n',fp);
```

```
         }
         (2)
    }
```

（2）以下程序由终端键盘输入一个文件名，然后把终端键盘输入的字符依次存放到该文件中，用#作为结束输入的标志，请填空。

```
#include"stdio.h"
main( )
{    FILE *fp;
     char ch,fname[10];
     printf("Input the  name of file  \n");
     gets(fname);
     if((fp=___(1)___)==NULL)
     {   printf("Cannot open  \n");
         exit(0);
     }
     printf("Enter date  \n");
     while((ch = getchar())! ='#')
       fputc(___(2)___,fp);
     fclose(fp);
}
```

（3）以下程序把一个名为f1.dat的文件拷贝到一个名为f2.dat的文件中。

```
#include"stdio.h"
main( )
{    char  c;
     FILE *fp1, *fp2
     fp1=fopen("f1.Doc", "r");
     fp2= fopen("f2.doc", "w");
     c=fgetc(fp1);
     while(c!=EOF)
     {   fputc(c,fp2);
         c=fgetc(fp1);
     }
     fclose(fp1);
         _____;
}
```

（4）统计文件f1.dat中的字符个数。

```
#include"stdio.h"
```

```
main( )
{   FILE *fp;
    long num=0;
    if(_____==NULL)
    {   printf("Can't Open File\n");
        exit(0);
    }
    while(fgetc(fp)!=EOF)
      num++;
    printf("%ld\n",num);
    fclose(fp);
}
```

四、程序设计题

（1）用户由键盘输入一个文件名，然后输入一串字符（用#结束输入），存放到此文件并将字符的个数写到文件尾部。

（2）有 5名学生，每个学生有3门课的成绩，从键盘输入以上数据（包括学生学号、姓名、3门课成绩），计算出平均成绩，将原有数据和计算出的平均分数存放在磁盘文件"stud"中。

第11章 综合设计

综合设计的目的是将课本上的理论知识和实际运用有机地结合起来，巩固和加深学生对C语言课程基本知识的理解和掌握，掌握利用C语言进行简单软件设计的基本思路和方法，提高运用C语言解决实际问题的能力。

本章以学生成绩管理系统的综合设计为例，阐述了程序开发的一般流程，以起到抛砖引玉的作用。

11.1 学生成绩管理系统

建立学生成绩管理系统，采用计算机对学生成绩进行管理，进一步提高办学效益和现代化水平。帮助广大教师提高工作效率，实现学生成绩信息管理工作流程的系统化、规范化和自动化。利用单链表结构实现学生成绩管理，了解数据库管理的基本功能，掌握C语言中的结构体、指针、函数、文件操作等知识，是一个C语言知识的综合应用。

11.2 系统需求分析

需求分析是软件开发中最重要的环节，它直接影响项目的成功与失败。通过对用户需求进行调查分析，写出需求分析的文档。需求分析的文档可以作为项目设计的基本要求，也可以作为系统分析员进行系统分析和测试人员进行软件测试的手册。

1. 需求概述

设计一个学生成绩管理系统，使之能提供以下功能。

（1）学生成绩信息录入功能。

（2）学生成绩信息查询功能。

（3）学生成绩信息删除功能。

（4）学生成绩信息浏览功能。

（5）学生成绩信息统计计算功能。

2. 需求说明

（1）系统中的每个信息包含学生的学号、姓名、课程成绩、平均成绩等。

（2）录入的信息要求以文件或其他形式保存，并可以进行查询、计算、删除和浏览等基本操作。

（3）系统中的信息显示要求有一定的规范格式。

（4）对系统中的信息应该能够分别按照学号或姓名两种方式进行查询，要求能返回所有符合条件的信息。

（5）所设计的系统应以菜单方式工作，应为用户提供清晰的使用提示，根据用户的选择进行各种处理，并要求此过程中能尽可能地兼容使用中的异常情况。

11.3 系统总体设计

根据需求分析的文档可以初步提出问题的解决方案，以及软件系统的体系结构和数据结构的设计方案，并写出总体设计说明书，为详细设计作准备。

1. 功能模块

根据需求分析得到系统的功能模块。如图11-1所示。

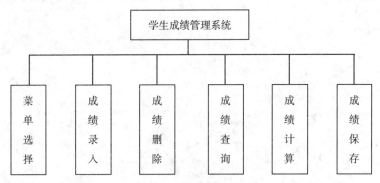

图11-1 系统模块图

说明：

（1）菜单选择模块完成用户命令的接收功能。是学生成绩管理系统的入口，用户想要进行的各种操作都要在次模块中选择，并进而调用其他模块实现相应的功能。

（2）成绩录入模块完成学生成绩的输入功能。输入的信息包括学号、姓名、课程成绩等数据，且每一项输入有误时用户能直接修改。

（3）成绩删除模块完成成绩的删除功能。用户登录该界面后，根据个人需求输入所要删除的记录，系统将执行该程序，并输出删除后剩余的原有存储信息。

（4）成绩查询模块完成成绩的查询功能。查询符合条件的记录信息，可以按照学号和姓名两种方式进行查询，并输出符合条件的信息。

（5）成绩计算模块完成成绩的排序、计算平均分的功能。

（6）成绩保存模块完成成绩保存到文件的功能。

2. 数据结构

本系统中主要的数据结构就是学生的成绩信息，包含学号、姓名、3门课程成绩、平均分等。

3. 程序流程

系统的执行应从系统菜单的选择开始，根据用户的选择来进行后续的处理，直到用户选择退出系统为止，其间应对用户的选择作出判断及异常处理。系统的流程图如图11-2所示。

11.4 系统详细设计与实现

在总体设计的基础上进行详细设计和实现。

1. 数据结构

由于学生信息中包含不同的数据类型，将学生定义为结构体类型的数据，定义学生结构体如下：

```
typedef struct
{    char number[20];
     char name[20];          /*姓名*/
     int score[3];           /*3门成绩*/
```

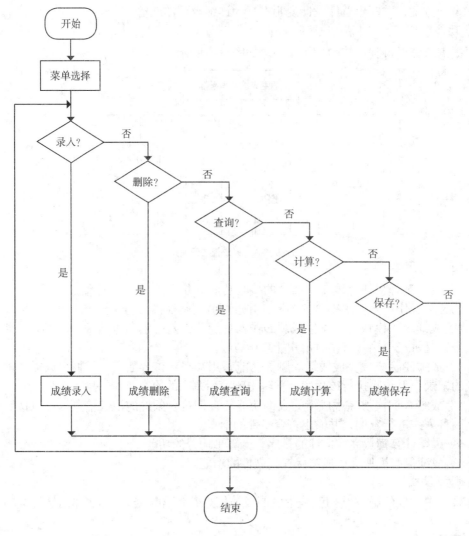

图11-2　程序流程图

　　　　float avg;　　　　　　　　　　　/*平均分*/
　　}STUDENT;

2. 各个功能模块的设计与实现

　　（1）菜单的设计与实现。

　　本系统设计了友好且功能丰富的主菜单界面，提供打7项功能的选择。利用switch case语句来实现调用主菜单函数，返回值整数作开关语句的条件，值不同，执行的函数不同，具体函数如下：

- length=enter(stu);　　　　　　　　　　/*输入新记录*/
- list(stu,length);　　　　　　　　　　　/*显示全部记录*/
- search(stu,length);　　　　　　　　　　/*查找记录*/
- length=delete(stu,length);　　　　　　　/*删除记录*/
- comput(stu,length);　　　　　　　　　　/*成绩计算*/
- save(stu,length);　　　　　　　　　　　/*保存文件*/

● exit(0);

（2）输入新记录。

当在主菜单中输入了字符0时，调用enter（ ）函数进行学生信息的输入。首选输入要输入的学生的人数，然后按照提示信息输入学号（字符串不超过10位）、姓名（字符串不超过10位）、3门课程的成绩（整数0~100），每输入一个数就按一下回车键。输入的数据保存在结构图数组中。

（3）显示所有数据。

当在主菜单中输入字符1时，调用list（ ）函数进行所有学生信息数据的显示浏览。该函数的形参是结构体数组，函数的功能把该数组的数据输出。

（4）数据查询。

当在主菜单中输入字符2时，调用search（ ）函数进行信息数据的查找。该函数按照学生姓名进行查找数据。首先输入待查找姓名，然后调用find（ ）函数进行操作，从头开始顺序查找，成功则显示记录信息；失败，显示Can not find the name who you want!。

（5）删除数据。

当在主菜单中输入字符3时，调用delete（ ）函数进行信息数据的删除。首先输入要删除学生的姓名，然后调用find（ ）函数进行输入查找该姓名的学生，如果没找到，则输出no found not deleted；否则，显示是否要删除的信息，按1键后删除信息。

（6）保存数据到文件。

当在主菜单中输入字符4时，调用save（ ）函数进行信息数据的保存。将学生成绩信息保存到指定的文件（record.txt）中。

（7）成绩计算。

当在主菜单中输入字符5时，调用comput（ ）函数进行信息数据的统计计算。该函数完成学生平均成绩的计算功能。

（8）退出系统。

当在主菜单中输入字符6时，调用exit(0)函数结束系统的运行。

11.5 系统参考程序

```
#include "stdio.h"                        /*I/O函数*/
#include "stdlib.h"                       /*标准库函数*/
#include "string.h"                       /*字符串函数*/
#include "ctype.h"                        /*字符操作函数*/
#define M 500                             /*定义常数表示记录数*/
typedef struct
{   char number[20];
    char name[20];                        /*姓名*/
    int score[3];                         /*3门成绩*/
    float avg;                            /*平均分*/
}STUDENT;

int enter(STUDENT t[]);                   /*输入记录函数声明*/
```

```
void list(STUDENT t[],int n);                    /*显示记录函数声明*/
int delete(STUDENT t[],int n);                   /*删除记录函数声明*/
void search(STUDENT t[],int n);                  /*按姓名查找显示记录函数声明*/
void save(STUDENT t[],int n);                    /*记录保存为文件函数声明*/
void print(STUDENT t);
void comput(STUDENT t[],int n);                  /*计算平均分函数声明*/
int find(STUDENT t[],int n,char *s) ;            /*查找函数声明*/
int menu();                                      /*主菜单函数声明*/

main( )
{    int i;
     STUDENT stu[M];                             /*定义结构体数组*/
     int length;                                 /*保存记录长度*/
     clrscr();                                   /*清屏*/
     for(;;)
     {    switch(menu())
          {    case 0:length=enter(stu);break;   /*输入新记录*/
               case 1:list(stu,length);break;    /*显示全部记录*/
               case 2:search(stu,length);break;  /*查找记录*/
               case 3:length=delete(stu,length);break; /*删除记录*/
               case 4:save(stu,length);break;    /*保存文件*/
               case 5:comput(stu,length);break;  /*成绩计算*/
               case 6:exit(0);
          }
     }
}
menu( )                                          /*菜单输出函数*/
{    char s[80];
     int c;
     gotoxy(1,25);                               /*将光标定为在第行,第列*/
     printf("press any key enter menu......\n"); /*提示压任意键继续*/
     getch();                                    /*读入任意字符*/
     clrscr();
     gotoxy(1,1);
     printf("*********MENU***********\n\n");
     printf("  0. Enter new record\n");
     printf("  1. Browse all record\n");
     printf("  2. Search record on name\n");
     printf("  3. Delete a record\n");
     printf("  4. Save record to file\n");
     printf("  5. comput average\n");
     printf("  6. Quit\n");
```

```
        printf("************************\n");
        do
        {    printf("\n Enter you choice(0~6):");      /*提示输入选项*/
             scanf("%s",s);                            /*输入选择项*/
             c=atoi(s);                                /*将输入的字符串转化为整型数*/
        }while(c<0||c>10);                             /*选择项不在0~6之间重输*/
            return c;                                  /*返回选择项*/
    }


    int enter(STUDENT t[])                             /*输入新记录函数*/
    {    int i,n;
         char *s;
         clrscr();
         printf("\nplease input recordnum \n");
         scanf("%d",&n);                               /*输入记录数*/
         printf("please input new record \n");         /*提示输入记录*/
         printf("number    name    eng    math    comp \n");
         printf("---------------------------------------------------------\n");
         for(i=0;i<n;i++)
            {    scanf("%s%s%d%d%d",t[i].number,t[i].name,&t[i].score[0],&t[i].score[1],
                 &t[i].score[2]);                      /*输入记录*/
             printf("---------------------------------------------------------\n");
            }
            return n;                                  /*返回记录条数*/
    }


    void list(STUDENT t[],int n)                       /*显示所有记录函数*/
    {    int i;
         clrscr();
         printf("\n\n*******************STUDENT********************\n\n");
         printf("number    name    eng    math    comp    avg \n");
         printf("---------------------------------------------------------\n");
        for(i=0;i<n;i++)
            printf("%-15s%-15s%-10d%-10d%-10d%-10.1f\n",t[i].number,t[i].name,t[i].
score[0],t[i].score[1],t[i].score[2],t[i].avg);
        if((i+1)%10==0)                                /*判断输出是否达到条记录*/
        {    printf("Press any key continue...\n");
             getch();
        }
        printf("*******************end********************\n");
    }
```

```
void search(STUDENT t[],int n)                /*按姓名查找记录函数*/
{   char s[20];                               /*保存待查找姓名字符串*/
    int i;                                    /*保存查找到结点的序号*/
    clrscr();
    printf("Please enter name that you want to search:\n");
    scanf("%s",s);                            /*输入待查找姓名*/
    i=find(t,n,s);                            /*调用find函数,得到一个整数*/
    if(i>n-1)                                 /*如果整数i值大于n-1,说明没找到*/
      printf("Can not find the name who you want!\n");
    else
      print(t[i]);                            /*找到,调用显示函数显示记录*/
}

int find(STUDENT t[],int n,char *s)           /*查找函数*/
{   int i;
    for(i=0;i<n;i++)                          /*从第一条记录开始,直到最后一条*/
    {   if(strcmp(s,t[i].name)==0)            /*姓名和待比较的姓名是否相同*/
        return i;
    }
    return i;
}

int delete(STUDENT t[],int n)                 /*删除记录函数*/
{   char s[20];                               /*要删除记录的姓名*/
    int ch=0;
    int i,j;
    printf("please deleted name\n");          /*提示信息*/
    scanf("%s",s);                            /*输入姓名*/
    i=find(t,n,s);                            /*调用find函数*/
    if(i>n-1)                                 /*如果i>n-1超过了数组的长度*/
      printf("no found not deleted\n");       /*显示没找到要删除的记录*/
    else
    {   print(t[i]);                          /*调用输出函数显示该条记录信息*/
printf("Are you sure delete it(1/0)\n");      /*确认是否要删除*/
scanf("%d",&ch);                              /*输入一个整数或*/
if(ch==1)                                     /*如果确认删除整数为*/
{   for(j=i+1;j<n;j++)                        /*删除该记录,实际后续记录前移*/
    {   strcpy(t[j-1].name,t[j].name);        /*将后一条记录的姓名拷贝到前一条*/
        strcpy(t[j-1].number,t[j].number);
        t[j-1].score[0]=t[i].score[0];
        t[j-1].score[1]=t[i].score[1];
        t[j-1].score[2]=t[i].score[3];
```

```
            t[j−1].avg=t[i].avg;
        }
        n−−;                              /*记录数减*/
        }
    }
    return n;                             /*返回记录数*/
}

void save(STUDENT t[],int n)             /*将数据保存到文件函数*/
{   int i;
    FILE *fp;
    if((fp=fopen("record.txt","wb"))==NULL)
    {   printf("can not open file\n");
        exit(1);
    }
    printf("\nSaving file\n");             /*输出提示信息*/
    fprintf(fp,"%d",n);                    /*将记录数写入文件*/
    fprintf(fp,"\r\n");                    /*将换行符号写入文件*/
    for(i=0;i<n;i++)
    {   fprintf(fp,"%−15s%−15s%−10d%−10d%−10d%−10.1f",t[i].number,t[i].name,t[i].
score[0],t[i].score[1],t[i].score[2],t[i].avg);
        fprintf(fp,"\r\n");
    }
    fclose(fp);                           /*关闭文件*/
    printf("****save success***\n");      /*显示保存成功*/
}

void print(STUDENT t)                     /*显示一条记录函数*/
{   clrscr();
    printf("\n\n*****************************************************\n");
    printf("number    name     eng     math     comp     avg\n");
    printf("----------------------------------------------------------------
--\n");
    printf("%−15s%−15s%−10d%−10d%−10d%−10.1f\n",t.number,t.name,t.score[0],t.
score[1],t.score[2],t.avg);
    printf("*********************end****************************\n");
}

void comput(STUDENT t[],int n)            /*计算平均分函数*/
{   int i;
    clrscr();
    for(i=0;i<n;i++)
```

```
    t[i].avg=(t[i].score[0]+t[i].score[1]+t[i].score[2])/3 ;
    printf("\n\n*******************STUDENT*******************\n\n");
    printf("number    name    eng    math    comp    avg \n");
    printf("————————————————————————————————————————————————————————————\n");
    for(i=0;i<n;i++)
        printf("%-15s%-15s%-10d%-10d%-10d%-10.1f\n",t[i].number,t[i].name,t[i].score[0],t[i].score[1],t[i].score[2],t[i].avg);
    if((i+1)%10==0)                                    /*判断输出是否达到条记录*/
    {   printf("Press any key continue...\n");
        getch();
    }
    printf("*******************end*******************\n");
}
```

附录A　常用字符与ASCⅡ代码对照表

ASCII值	字符	名称	ASCII值	字符	ASCII值	字符	ASCII值	字符
0	(null)	null	32	(space)	64	@	96	、
1	☺	SOH	33	!	65	A	97	a
2	●	STX	34	"	66	B	98	b
3	♥	ETX	35	#	67	C	99	c
4	♦	EOT	36	$	68	D	100	d
5	♣	ENQ	37	%	69	E	101	e
6	♠	ACK	38	&	70	F	102	f
7	(beep)	BEL	39	,	71	G	103	g
8	■	BS	40	(	72	H	104	h
9	(tab)	HT	41	)	73	I	105	i
10	(line feed)	LF	42	*	74	J	106	j
11	(home)	VT	43	+	75	K	107	k
12	(form feed)	FF	44	,	76	L	108	l
13	(carriage return)	CR	45	−	77	M	109	m
14	♫	SO	46	.	78	N	110	n
15	¤	SI	47	/	79	O	111	o
16	▶	DLE	48	0	80	P	112	p
17	◀	DCI	49	1	81	Q	113	q
18	↕	DC2	50	2	82	R	114	r
19	‖	DC3	51	3	83	X	115	s
20	¶	DC4	52	4	84	T	116	t
21	§	NAK	53	5	85	U	117	u
22	▬	SYN	54	6	86	V	118	v
23	↨	ETB	55	7	87	W	119	w
24	↑	CAN	56	8	88	X	120	x
25	↓	EM	57	9	89	Y	121	y
26	→	SUB	58	:	90	Z	122	z
27	←	ESC	59	;	91	[	123	{
28	∟	FS	60	<	92	\	124		
29	◆	GS	61	=	93	]	125	}
30	▲	RS	62	>	94	^	126	~
31	▼	US	63	?	95	—	127	DEL

附录B 运算符的优先级和结合性

优先级	运算符	含义	结合方向	运算对象个数
1	( )	圆括号	左结合	
	[ ]	下标运算符		
	—>	指向结合体成员运算符		
	.	成员运算符		
2	!	逻辑非运算符	右结合	1
	~	按位取反运算符		
	++	自加运算符		
	– –	自减运算符		
	–	取负运算符		
	（类型标识符）	类型转换运算符		
	*	间接访问运算符		
	&	取地址运算符		
	sizeof	求字节数运算符		
3	*	乘法运算符	左结合	2
	/	除法运算符		
	%	求余运算符		
4	+	加法运算符	左结合	2
	–	减法运算符		
5	<<	按位左移运算符	左结合	2
	>>	按位右移运算符		
6	< <= > >=	关系运算符	左结合	2
7	==	等于运算符	左结合	2
	! =	不等于运算符		
8	&	按位与运算符	左结合	2
9	^	按位异或运算符	左结合	2
10	|	按位或运算符	左结合	2
11	&&	逻辑与运算符	左结合	2
12	||	逻辑或运算符	左结合	2
13	? :	条件运算符	右结合	3
14	= += -= *= /= %= >>= <<= &= ^= |=	赋值运算符	右结合	2
15	,	逗号运算符	左结合	2

附录C 库函数

库函数并不是C语言的一部分,它是由人们根据需要编制并提供给用户使用的。每一种C编译系统都提供了一批库函数,不同的编译系统所提供的库函数的数目和函数名以及函数功能是不完全相同的。ANSI C标准提出了一批建议提供的标准库函数。它包括了目前多数C编译系统所提供的库函数,但也有一些是某些C编译系统未曾实现的。考虑到通用性,本书列出ANSI C标准建议提供的、常用的部分库函数。对多数C编译系统,可以使用这些函数的绝大部分。由于C库函数的种类和数目很多(例如,还有屏幕和图形函数、时间日期函数、与系统有关的函数等,每一类函数又包括各种功能的函数),本附录不能全部介绍,只从教学需要的角度列出最基本的函数。读者在编制C程序时可能要用到更多的函数,请查阅所用系统的手册。

1. 数学函数

使用数学函数时,应该在源文件中使用:#include "math.h",见表1。

表1 数学函数

函数名	函数类型和形参类型	功能	返回值	说明
acos	double acos(x) double x;	计算反余弦arccos(x)的值	计算结果	应在-1~1范围内
asin	double asin(x) double x;	计算反正弦arcsin(x)的值	计算结果	应在-1~1范围内
atan	double atan(x) double x;	计算反正切arctan(x)的值	计算结果	
atan2	double atan2(x) double x;	计算arctan(y/x)的值	计算结果	
cos	double cos(x) double x;	计算余弦cos(x)的值	计算结果	x的单位为弧度
cosh	double cosh(x) double x;	计算x的双曲余弦cosh(x)的值	计算结果	
exp	double exp(x) double x;	计算指数ex的值	计算结果	
fabs	double fabs(x) double x;	计算x的绝对值	计算结果	
floor	double floor(x) double x;	求出不大于x的最大整数	该整数的双精度实数	

续表

函数名	函数类型和形参类型	功能	返回值	说明
fmod	double fmod(x,y) double x;	求整除x/y的余数	返回余数的双精度实数	
frexp	double frexp(val,eptr) double val; int *eptr;	把双精度数val分解为数字部分（尾数）x和以2为底的指数n，存放在eptr指向的变量中	返回数字部分	
log	double log(x) double x;	求自然对数ln（x）的值	计算结果	
log10	double log10(x) double x;	求以10为底的对数lg（x）的值	计算结果	
modf	double modf(val,iptr) double val; double iptr;	把双精度数val分解为整数部分和小数部分，把整数部分存放在iptr指向的单元	小数部分	
pow	double pow(x,y) double x,y;	求xy的值	计算结果	
sin	double sin(x) double x;	计算正弦函数sin(x)的值	计算结果	
sint	double sinh(x) double x;	计算x的双曲正弦函数sinh(x)的值	计算结果	
sqrt	double sqrt(x) double x;	计算x的平方根	计算结果	
tan	double tan(x) double x;	计算正切函数tan(x)的值	计算结果	
tanh	double tanh(x) double x;	计算x的双曲正切函数tanh(x)的值	计算结果	

2. 字符函数和字符串函数

ANSI C标准要求在使用字符串时要包含头文件"string.h"，在使用字符函数时要包含头文件"ctype.h"。见表2所列。有的C编译不遵循ANSI C标准的规定，而用其他名称的头文件。请使用时查有关手册。

表2　字符函数和字符串函数

函数名	函数类型和形参类型	功能	返回值	包含文件
isalnum	int isalnum(ch) int ch;	检查ch是否是字母（alpha）或数字（numeric）	是字母或数字返回1；否则返回0	ctype.h

函数名	函数类型和形参类型	功能	返回值	包含文件
isalpha	int isalpha(ch) int ch;	检查ch是否是字母字符	是返回1； 不是,返回0	ctype.h
iscntrl	int iscntrl(ch) int ch;	检查ch是否是控制字符（其ASCII码在0x7f或 0x00和0x1f之间）	是返回1； 不是,返回0 （不包括空格）	ctype.h
isdigit	int isdigit(ch) int ch;	检查ch是否是数字（0～9）	是返回1； 不是,返回0	ctype.h
isgraph	int isgraph(ch) int ch;	检查ch是否是可打印字符（其ASCII码在0x21～0x7e之间）	是返回1； 不是,返回0	ctype.h
islower	int islower(ch) int ch;	检查ch是否是小写字母（a～z）	是返回1； 不是,返回0	ctype.h
isprint	int isprint(ch) int ch;	检查ch是否是可打印字符（其ASCII码在0x21～0x7e之间）	是返回1； 不是,返回0	ctype.h
ispunct	int ispunct(ch) int ch;	检查ch是否是标点字符（不包括空格），即除字母、数字和空格以外的所有可打印字符	是返回1； 不是,返回0	ctype.h
isspace	int isspace(ch) int ch;	检查ch是否是空格、跳格符（制表符）或换行符	是返回1； 不是,返回0	ctype.h
isupper	int isupper(ch) int ch;	检查ch是否是大写字母（A～Z）	是返回1； 不是,返回0	ctype.h
isxdigit	int isxdigit(ch) int ch;	检查ch是否是十六进制数（即0～9，A～F，a～f）	是返回1； 不是,返回0	ctype.h
strcat	char *strcat(str1,str2) char *str1,*str2;	把字符串str2接到str1后面，str1最后面的'\0'被取消	str1	string.h
strchr	char *strchr(str,ch) char *str; int ch;	找出str指向的字符串中第一次出现字符ch的位置	返回指向该位置的指针，如找不到，则返回空指针	string.h
strcmp	int strcmp(str1,str2) char *str1,*str2;	比较两个字符串str1、str2	str1<str2,返回负数 str1=str2,返回0 str1>str2,返回正数	string.h
strcpy	char *strcpy(str1,str2) char *str1,*str2;	把字符串str2指向的字符串拷贝到str1中去	返回str1	string.h
strlen	unsigned int strlen(str) char *str;	统计字符串str中字符的个数（不包括终止符'\0'）	返回字符个数	string.h
strstr	char *strstr(str1,str2) char *str1,*str2;	找出str2字符串在str1字符串中第一次出现的位置（不包括str2的串结束符）	返回该位置的指针。如找不到,返回空指针	string.h

续表

函数名	函数类型和形参类型	功能	返回值	包含文件
tolower	int tolower(ch) int ch;	把ch字符转换为小写字母	返回ch所代表的字符的小写字母	string.h
toupper	int toupper(ch) int ch;	把ch字符转换为大写字母	与ch字符相对应的大写字母	string.h

3. 输入输出函数

凡用表3所列的输入输出函数，应该把stdio.h头文件包含到源程序文件中。

表3　输入输出函数

函数名	函数类型和形参类型	功能	返回值	说明
clearerr	void clearerr(fp) FILE *fp;	清除文件指针错误指示器	无	
fclose	int fclose(fp) FILE *fp;	关闭所指的文件，释放文件缓冲区	有错则返回非零值，否则返回0	
feof	int feof(fp) FILE *fp;	检查文件是否结束	遇文件结束符返回非零值，否则返回0	
fgetc	int fgetc(fp) FILE *fp;	从fp所指定的文件中取得下一个字符	返回所得到的字符。若读入有错，返回EOF	
fgets	int fgets(buf,n,fp) char *buf; int n; FILE *fp;	从fp所指向的文件读取一个长度为（n-1）的字符串，存入起始地址为buf的空间	返回地址buf，若遇文件结束或出错，返回NULL	
fopen	FILE *fopen(filename,mode) char *filename,*mode;	以mode指定的方式打开名为filename的文件	成功，返回一个文件指针（文件信息区的起始地址），否则返回0	
fprintf	int fprintf(fp,format,args,…) FILE *fp; char *format;	把args的值以format指定的格式输出到fp所指的文件中	实际输出的字符数	
fputc	int fputc(ch,fp) char ch; FILE *fp;	将字符ch输出到fp指定的文件中	成功，则返回该字符；否则返回EOF	
fputs	int fputs(str,fp) char *str; FILE *fp;	将str指向的字符串输出到fp指定的文件中	返回0，若出错返回非零值	

续表

函数名	函数类型和 形参类型	功能	返回值	说明
fread	int fread(pt,size,n,fp) char *pt; unsigned size,n; FILE *fp;	从fp所指定的文件中读取长度为size的n个数据项，存到pt所指向的内存区	返回所读的数据项的个数，如遇文件结束或出错返回0	
fscanf	int fscanf(fp,format,args,…) FILE *fp; char *format;	从fp指定的文件中按format给定的格式将输入数据送到args所指向的内存单元（args是指针）	输入的数据个数	
fseek	int fseek(fp,offset,base) FILE *fp; long offset; int base;	将fp所指向的文件位置指针移动以base所指出的位置为基准、以offset为位移量的位置	返回当前位置，否则返回-1	
ftell	long ftell(fp) FILE *fp	返回fp所指向的文件中的读写位置	返回fp所指向的文件中的读写位置	
fwrite	int fwrite(ptr,size,n,fp) char *ptr; unsigned size,n; FILE *fp;	把ptr所指向的n*size个字符输出到fp所指向的文件中	写到fp文件中的数据项的个数	
getc	int getc(fp) FILE *fp	从fp所指向的文件中读入一个字符	返回所读的字符，若文件结束或出错，返回EOF	
getchar	int getchar(void)	从标准输入设备读取下一个字符	所读的字符，若文件结束或出错，返回-1	
getw	int getw(fp) FILE *fp	从fp所指向的文件中读取下一个字（整数）	输入的整数。若文件结束或出错，返回-1	非ANSI标准
printf	int printf(format,args,…) char *format;	将输出表列args的值输出到标准输出设备	输出字符的个数，若出错，返回负数	Format可以是一个字符串或字符数组的起始地址
putc	int putc(ch,fp) char ch; FILE *fp;	把一个字符ch输出到fp指定的文件中	输出的字符ch，若出错，返回EOF	
putchar	int putchar(ch) char ch;	把字符ch输出到标准的输出设备	输出的字符ch，若出错，返回EOF	
puts	int puts(str) char *str;	把str指向的字符串输出到标准输出设备，将'\0'转换为回车换行	返回换行符，若失败，返回EOF	

续表

函数名	函数类型和 形参类型	功能	返回值	说明
putw	int putc(w,fp) int w; FILE *fp;	将一个整数w（即一个字）输出到fp指定的文件中	返回输出的整数，若出错，返回EOF	
rename	int rename(oldname,newname) char *oldname,*newname;	把由oldname所指的文件名改为由newname所指的文件名	成功返回0，出错返回–1	
rewind	int rewind(fp) FILE *fp	将fp指示的文件中的位置指针置于文件开头位置，并清除文件结束标志和错误标志	无	
scanf	int scanf(format,args,…) char *format;	从标准输入设备按format指向的格式字符串规定的格式，输入数据给args所指向的单元	读入并赋给args的数据个数。遇文件结束返回EOF，出错返回0	

4. 动态存储分配函数

ANSI标准建议设4个有关的动态存储分配的函数（见表4），即calloc()、malloc()、free()、realloc()。实际上，许多C编译系统实现时往往增加了一些其他函数。ANSI标准建议在"stdlib.h"头文件中包含有关的信息，但许多C编译系统要求用"malloc.h"而不是"stdlib.h"。读者在使用时应查阅有关手册。

ANSI标准要求动态分配系统返回void指针。Void指针具有一般性，它们可以指向任何类型的数据，但目前绝大多数C编译系统所提供的这类函数都返回char指针。无论以上两种情况的哪一种，都需要用强制转换的方法把char指针转换成所需的类型。

表4　动态存储分配函数

函数名	函数类型和 形参类型	功能	返回值
calloc	void（或char） *calloc（n,size） Unsigned n,size;	分配n个数据项的内存连续空间，每个数据项的大小为size	分配内存单元的起始地址，如不成功，返回0
free	void free（p） void（或char）*p;	释放p所指的内存区	无
malloc	void（或char） *malloc（size） unsigned size;	分配size字节的存储区	所分配的内存区，如内存不够，返回0
realloc	void（或char） *realloc（p,size） void（或char）*p; unsigned size;	将p所指的已分配内存区的大小改为size。Size可以比原来分配的空间大或小	返回指向该内存区的指针

参考文献

[1] 谭浩强. C程序设计［M］. 北京：清华大学出版社，1999.

[2] 马靖善. C语言程序设计［M］. 北京：清华大学出版社，2005.

[3] 吴文虎. 程序设计基础［M］. 北京：清华大学出版社，2003.

[4] 刘克成. C语言程序设计［M］. 北京：中国铁道出版社，2007.

[5] 罗坚. C程序设计实验教程［M］. 北京：中国铁道出版社，2007.

[6] 李瑞. C程序设计基础［M］. 北京：清华大学出版社，2009.

[7] 李瑞. C程序设计基础（第二版）［M］. 北京：清华大学出版社，2011.

[8] 何钦铭. C语言程序设计［M］. 北京：高等教育出版社，2009.

[9] 刘明才. C语言程序设计习题解答与实验指导［M］. 北京：中国铁道出版社，2007.

[10] 杨彩霞. C语言程序设计实验指导与习题解答［M］. 北京：中国铁道出版社，2007.